Sinaseli TSHIBWABWA et Ndiadia KABONGO

Projet de Barrage Grand Inga

Réfutation des Arguments des Activistes-Opposants
Enjeux cachés
- Solutions afrocentrées -

3ᵉᵐᵉ édition revue et complétée

Une production de

INSTITUT AFRICAIN D'ÉTUDES PROSPECTIVES
CENTRE EUROPE

LABORATOIRE D'ÉTUDES ET DE PLANIFICATION DES RESSOURCES
ET INFRASTRUCTURES NERGÉTIQUES
Vol. 2

Sinaseli TSHIBWABWA et Ndiadia KABONGO

PROJET DE BARRAGE GRAND INGA

Réfutation des Arguments des Activistes-Opposants

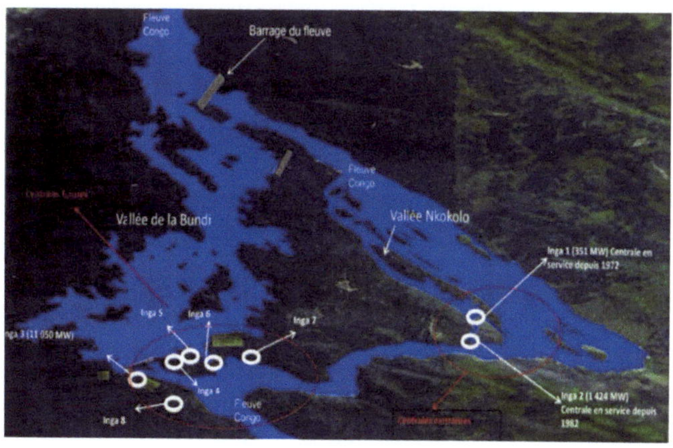

Ses Enjeux cachés - Solutions afrocentrées -

3ème édition revue et complétée

PUBLICATIONS UNIVERSITAIRES AFRICAINES

CIP - Titelaufnahme der Deutschen Bibliothek

Sinaseli **Tshibwabwa** et Ndiadia **Kabongo** :

Projet de Barrage Grand Inga
Réfutation des Arguments des Activistes-Opposants
Ses Enjeux cachés – Solutions afrocentrées

(Institut Africain d'Études Prospectives. Laboratoire d'Études et de Planification des Ressources et Infrastructures Énergétiques Vol. 2)
Munich, Montréal, Kinshasa, Bruxelles : Publications Universitaires Africaines, 3ème édition, 2021
ISBN 978-3-931169-32-9

Typeset at AUS-PUA & CONGO-CRITERE-B
Afrobook, Bahnweg 9b, D-85417 Marzling / Germany
Inadep.europe@gmail.com
ISBN 978-3-931169-32-9

DÉDICACE

À tous ceux et celles, étrangers et nationaux, qui, comme nous, ont nourri ou nourrissent le rêve de voir la mise en valeur de tout le « Trigone de la Puissance Énergétique » de la R.D. Congo, Inga, un site chaotique naturel unique au monde pouvant alimenter ce pays et l'Afrique tout entière en énergie renouvelable, propre, non polluante, permanente et moins chère et qui, en plus, serait un moyen de lutte contre la pauvreté des populations et la bombe démographique imminente, la déforestation massive et le changement climatique.

REMERCIEMENTS

Nous exprimons nos sincères remerciements aux réviseurs anonymes de CONGO-C.R.I.T.E.R.E.-B. qui ont toujours, sans réserve, accepté cette tâche ingrate de corriger les manuscrits de nos analyses. Leurs suggestions ont souvent contribué à relativiser certaines prises de position. Qu'ils trouvent ici l'expression de notre profonde gratitude.

Nos remerciements s'adressent ensuite à M. José Tshisungu wa Tshisungu, Professeur, un des grands écrivains congolais de cette époque qui, le premier, nous suggéra de consigner toutes nos analyses dans un livre vue l'importance du sujet pour notre pays. Nous lui sommes reconnaissants pour les différentes conversations enrichissantes sur la problématique du développement de la R.D. Congo et le rôle de l'élite congolaise dans son processus.

Nous exprimons notre profonde reconnaissance à M. Louis Goffin, Professeur Émérite Retraité des Universités de Dakar, Bruxelles et Louvain et Directeur honoraire de la Fondation Universitaire Luxembourgeoise d'Arlon (FUL)/Belgique, pour nous avoir fait l'honneur de préfacer notre livre. Qu'il veuille bien trouver ici, à travers nous auteurs, les sincères remerciements de nombreux étudiants africains qu'il a formés tout au long de sa riche carrière scientifique aussi bien en Belgique qu'en Afrique (Sénégal).

Nous remercions également Maman Astrid Nsonga Mukendi pour sa foi dans notre vision sur le Projet de Barrage Grand Inga, son soutien financier et moral dans notre travail. Sa sagesse et ses conseils ont été d'un grand réconfort dans nos démarches. Avec tendresse, elle ne cessait de nous répéter : « *N'abandonnez jamais ce que vous avez commencé pour votre pays – Ne vous laissez pas impressionner par les obstacles, Bilengela mbiàsà mu nkelende* ». Qu'elle trouve ici l'expression de notre profonde reconnaissance.

Nous remercions aussi notre ami Jean-Pierre Tshimpumpu Tshiswaka pour avoir librement proposé de financer l'impression de la première édition de cet ouvrage. Nous lui exprimons toute notre reconnaissance. Avec lui, nous avons découvert que la parenté sociologique est parfois plus forte et plus profonde que la parenté biologique.

Nous remercions le Professeur Mubabinge BILOLO, Philosophe, Africaniste et Égyptologue de renommée mondiale et Directeur de l'INADEP-Centre Europe, pour avoir pris en charge la publication de cette troisième édition revue et complétée de notre livre. Que la Direction Générale de l'INADEP, à travers lui, trouve ici l'expression de notre profonde reconnaissance.

Enfin, nous remercions nos familles respectives, plus particulièrement nos épouses, Godelive Muadi N'Kola wa Mukendi mukwà Kalonji mwenà Kayemba wa mwa Ntanda et Martine Nothomb *mwenà* Braine-L'Alleud *mu* Wallonie *mu ditunga dya* Belgique pour leur amour, leur soutien indéfectible et leurs sacrifices consentis lors de nos longues absences pour la recherche, les réunions ou les conférences sur le sujet traité ici. Leur constante confiance a été d'un grand soutien moral pour chacun de nous.

Que tous ceux qui, de près ou de loin, nous ont apporté une quelconque aide et que nous n'avons pas nommés, trouvent ici l'expression de nos sentiments les meilleurs.

Sinaseli Tshibwabwa
sinaseli@hotmail.com
+243 820 015 827 / +1 819 215 9013

Ndiadia Kabongo
kabajila@gmail.com
+243 910 586 675 / +32 488 28 34 02

NOTE DE L'INSTITUT

Le *Laboratoire d'Études et de Planification des Ressources et Infrastructures Energétiques* du Centre de Prospectives Africaines et de Recherches sur l'Intégration Africaine, abrégé en 2012 par Son Excellence Mgr. Tharcisse Tshibangu Tshishiku sous le nom de CEPARIA (l'un de cinq Axes majeurs de l'INADEP-Europe), se réjouit de cette étude sur le « ***Projet de Barrage Grand Inga.*** *Réfutation des Arguments des Activistes-Opposants, Enjeux cachés - Solutions afrocentrées* » du Prof. S. Tshibwabwa, et de l'Attaché de recherche N. Kabongo.

En effet, les auteurs, après avoir donné l'historique du site d'Inga, depuis sa révélation au monde occidental jusqu'à la date d'aujourd'hui (2021 !), ont réfuté à l'aide des arguments scientifiques les allégations des activistes-opposants à la construction de Inga 3, première phase du Barrage Grand Inga (Phases 3 à 8). De leurs analyses, ils ont fait ressortir les véritables enjeux cachés qui justifient la virulence des campagnes d'opposition à ce projet en R.D. Congo. Enfin, ils suggèrent des solutions afrocentrées à la problématique de l'énergie électrique, une problématique en amont de tous les projets de développement en R.D. Congo et en Afrique tout entière.

Nous sommes convaincus que la troisième édition revue et complétée de ce livre, fidèle à la « vocation africaine » de l'Institut Africain d'Études Prospectives en général (cf : ORDONNANCE 89-287 du 9 novembre 1989 portant création d'un établissement public dénommé Institut africain d'études prospectives, en abrégé «INADEP») et à celle du *Laboratoire d'Études et de Planification des Ressources et Infrastructures Énergétique* du Centre de l'INADEP en Europe en particulier, va servir d'instrument de travail pour les décideurs et les autres chercheurs.

En 2016, sur proposition de Son Excellence Daniel Madimba Kalonji, à l'époque Ministre de la Recherche Scientifique et Innovation Technologique, le Directeur Général, Son Excellence Mgr. Tshibangu Tshishiku a doté l'INADEP-Europe de la mission de dépistage des ressources humaines africaines, de formation de chercheurs et de jeunes de la Diaspora Africaine (cfr. Ordre de Mission N° INADEP/03/2016/PR/Mgr/TTT/MJ/du 08/04/2016 ; voir aussi Arrêté Ministériel N° 039/MIN.RSIT/ CAB.MIN/JMK/2020 du 05/08/2020). Cette mission était comprise dans le projet initial du Centre Africain d'Études Prospectives lors du Symposium des Scientifiques Africains, convoqué par le Président de la République Démocratique du Congo en avril 1985, Le Rapport Général de ce Symposium, à la rédaction duquel le Prof. Kambayi Bwatshia, qui deviendra Ministre de la Recherche Scientifique (1990-1992) et le Prof. Ndaywel-é-Nziem avaient participé, avait réservé une section aux recommandations de Cheikh Anta Diop relatives à la Stratégie de l'Énergie pour l'Avenir. Au point 3 de ce rapport, on lit :

> *« Sont-ce là rêveries d'un savant exalté ou le rêve éveillé d'un Égyptologue nostalgique de la démesure des fastes et autres réalisations fabuleuses des temps pharaoniques ?*
>
> *Quoiqu'il en soit, l'enjeu vaut bien la peine d'une stratégie de l'énergie pour l'avenir et que le Symposium s'accorde à recommander à la suite du Professeur Cheikh Anta Diop ce qui suit :*
>
> *- l'Afrique peut jouer un rôle de pionnier dans la technologie de l'hydrogène comme vecteur d'énergie, et c'est dès maintenant qu'elle doit s'y prendre en créant les structures de recherche et de formation appropriées. Certains grands pays africains comme **le Nigeria et le Zaïre devraient dès à présent créer des départements spécialisés** tandis que **des écoles polytechniques** dans d'autres pays africains pourraient déjà s'organiser pour gérer dans cinq ans une petite centrale solaire à cycle thermodynamique, etc;*
>
> *- former dès à présent au niveau des départements de physique des*

plasmas des universités africaines, des équipes capables »[1] d'implémenter la Stratégie de l'Énergie pour l'Avenir de l'Afrique et de l'Africasia.

Depuis la mort du Président Mobutu, l'INADEP qui avait le devoir et la mission d'accompagner les décideurs africains, était devenu un orphelin, ignoré et négligé par la Présidence de la République. Il n'a obtenu aucun projet public ou étatique de recherche. Les encadreurs de la recherche ont été avalés par l'Enseignement Supérieur et Universitaire et par d'autres instutions de l'État. Cependant, le Directeur Général, Son Excellence Mgr. Tshibangu, fin stratège, avait pris la précaution de nommer une équipe des chercheurs qui avaient intériorisé la vision du Savant Cheikh Anta Diop, l'esprit du Symposium International de Kinshasa et la mission de l'INADEP définie par l'Ordonnance Présidentielle portant sa création en Europe et en Amérique, loin de turbulences politiques, pour gagner la Diaspora Africaine aux différentes stratégies du développement et de l'intégration. Cette équipe avait surtout développé des recherches sur l'Énergie, sur l'Histoire de la Vallée du Nil (Égyptologie africaine) et de la Zone dite « *Bantu* », sur l'Union Africaine (jadis OUA) et sur le Devenir des Cultures et des Civilisations Africaines.

Le Centre de l'INADEP en Europe attire l'attention des décideurs sur l'urgence de la concrétisation de la recommandation de 1985 relative à la création des départements spécialisés et centrés sur la Stratégie de l'Énergie pour l'Avenir de l'Afrique. Il salue, appuie et met en évidence la proposition suivante de nos deux auteurs, proposition qui rappelle et actualise la recommandation du Savant Cheikh Anta Diop et du Symposium International de Kinshasa, du 20 au 30 avril 1985 : « *3.- créer dans la région d'Inga un* **« *Pôle national d'excellence en matière d'énergie hydroélectrique* »** *soutenu par la création de l'**Université nationale d'Inga (UNINGA),** dont la principale mission sera la formation des ingénieurs, des scientifiques et des techniciens énergéticiens de*

---

[1] INADEP, Rapport Général et Déclaration Finale du Symposium International de Kinshasa sur L'Afrique et son Avenir (Kinshasa, 20-30 avril 1985), Editions Universitaires Africaines, Kinshasa, 1990, pp.34-35 ; de préférence lire pp. 33-35.

très haut niveau, destinés à la recherche, l'innovation et le développement dans le domaine des énergies ».

Prof. Mubabinge Bilolo wa Kaluka
Directeur de l'Intitut Africain d'Études Prospectives – Centre Europe

PRÉFACE DE LA DEUXIÈME ÉDITION

J'ai lu avec grand intérêt le présent ouvrage que deux Scientifiques congolais consacrent au « *Projet de barrage Grand Inga* », situé en République démocratique du Congo. Ils s'y emploient avec méthode et lisibilité à réfuter les arguments de ceux qu'ils nomment les « *activistes-opposants* » à cet immense projet. Leur idée-force se cristallise sur l'impérieuse nécessité de réaliser les six centrales complémentaires à Inga 1 et 2 pour enfin doter leur pays, et au-delà toute l'Afrique, d'une capacité énergétique, basée sur l'hydroélectricité, apte à promouvoir un développement global et durable.

Il n'entre pas dans mes intentions de prendre parti sur la validité scientifique des propositions d'ordre technique, économique, social et environnemental que les auteurs avancent et justifient pour contrer les arguments des opposants au projet. Je n'en ai en suffisance ni les capacités scientifiques, ni l'expérience technique, ni la connaissance du terrain. D'autre part, je ne voudrais pas être accusé de partialité dans la mesure où l'un des auteurs, M. Ndiadia Kabongo, fut mon étudiant lors de ses études de Maîtrise en Sciences de l'Environnement à la Fondation Universitaire Luxembourgeoise (FUL) d'Arlon, en Belgique, Institution interuniversitaire et internationale dédiée à la problématique de l'Environnement.

Ma réflexion sera d'ordre éthique, nourrie notamment lors de mes enseignements et recherches à l'Université de Dakar entre 1979 et 1989, en collaboration effective avec mes étudiants de 3ème Cycle de l'Institut des Sciences de l'Environnement (ISE). Cette Institution originale avait été créée en 1979, par le Président Senghor, avec l'aide de la Coopération belge, pour faire face aux conséquences dramatiques de la sécheresse survenue au Sahel lors des années 1970. Il en résultait un phénomène de désertification galopante affectant durablement les sols, l'eau et les forêts, et en conséquence, la vie et la survie des populations.

Tout au long de ma carrière universitaire, j'ai poursuivi, développé et systématisé cette réflexion initiée au Sénégal. Je souhaitais fonder une éthique environnementale, généralisable à toutes les cultures, et susceptible d'orienter les chercheurs, les gestionnaires et les éducateurs dans leur approche des questions d'environnement.

Pour simplifier, je recours volontiers à l'acronyme **STAR**, illustrant les quatre valeurs fondamentales, à rencontrer nécessairement pour valider sur le plan éthique toute prise de position en matière d'environnement, que ce soit sur le plan individuel ou sur le plan collectif. Ces quatre valeurs, enchaînées l'une à l'autre dans un ordre logique, se constituent en système. Ce sont la **S**olidarité, la **T**olérance, l'**A**utonomie, la **R**esponsabilité. C'est à l'aune de ces valeurs universelles que je me suis permis d'examiner l'argumentaire proposé par les deux auteurs.

La *Solidarité*. Elle se base sur la reconnaissance du droit fondamental de tout homme et de tout peuple à disposer des moyens vitaux pour son développement harmonieux, en interaction avec son environnement naturel et humain. Elle postule donc l'interdépendance active et volontaire entre les individus et les collectivités pour rencontrer cet objectif ontologique. Dans le cas qui nous occupe, il s'agit de libérer de l'énergie pour raisons humanitaires : *la réduction de la pauvreté, l'amélioration des conditions de vie, la régression des inégalités, et pour des raisons environnementales : éviter la déforestation massive et contrer le changement climatique.* La priorité doit être altruiste : le développement collectif et non le gain individuel. Cet esprit de solidarité humaine et environnementale me semble clairement au cœur de l'initiative des auteurs.

La *Tolérance*. Elle s'appuie sur la reconnaissance et la valorisation de la diversité des individus et des collectivités (familles, clans, tribus, peuples...). Par souci d'enrichissement mutuel, il convient donc de prendre des avis éclairés, de tenir compte des contradictions normales, de rencontrer les objections justifiées, de rechercher le plus large consensus. Il convient aussi de se fonder sur la plus grande acceptabilité sociale. Mais il est tout aussi indispensable de faire preuve de lucidité, pour démonter les a priori et se préserver des idéologies partisanes et anti-solidaires. Il apparaît, en l'occurrence, que l'intolérance ne se situe pas du côté des auteurs.

L'*Autonomie*. Elle concerne la capacité des individus et des groupes sociaux à comprendre leur propre environnement et à se situer au mieux en son sein pour leur vie et leur développement. Dans cette perspective, n'est-ce pas d'abord aux Africains et pour ce projet de barrage du Grand Inga, aux Congolais eux-mêmes, de décider en toute souveraineté du type de réalisation technique à promouvoir pour servir leurs objectifs humanitaires et environnementaux spécifiques ? Car ils sont les autochtones et partant, les plus concernés pour déterminer, en connaissance de cause, les conditions et les projections du progrès qu'ils souhaitent pour eux-mêmes. On ne peut nier que cette référence à l'autonomie soit une ligne directrice choisie par les auteurs.

La **Responsabilité**. Elle suppose l'adhésion aux trois valeurs précédentes. Elle s'applique à la relation à autrui, aux générations futures, à la nature. Elle implique le respect de la vie humaine et celle des écosystèmes. En un mot, elle porte sur l'Environnement, au sens où je le comprends, c'est-à-dire comme un « **Ecosociosystème** ». Mais c'est essentiellement une pratique d'aboutissement, en prise sur le réel, qui vise à mettre en œuvre dans le projet, les trois valeurs antérieurement définies. Elle suscite l'engagement des personnes et/ou des groupes de référence, en la circonstance, celui des scientifiques, en interrelations disciplinaires et celui des politiques qui eux, doivent rendre des comptes devant les citoyens et devant l'Histoire.

Rappelant avec pertinence les aléas antérieurs du « projet de barrage Grand-Inga » et analysant avec rigueur les arguments favorables et les contre-arguments des opposants, les auteurs ne manquent donc pas à leur responsabilité personnelle. En ce faisant, ils lancent une sorte d'appel pressant au monde scientifique et politique de leur pays et à leurs plus illustres responsables. Puissent-ils être entendus et compris !

Louis Goffin :

Professeur e. r. de « *Problématique de l'Environnement* » aux Universités de
Dakar, Bruxelles et Louvain ; Professeur et Directeur honoraire de
la Fondation Universitaire Luxembourgeoise d'Arlon (FUL),
au Département des Sciences et Gestion de l'Environnement
de l'Université de Liège.

RÉSUMÉ

Nous dénonçons l'obscurantisme dans le chef des Activistes-Opposants nationaux et occidentaux qui ont initié de virulentes campagnes contre le Projet de barrage hydroélectrique Grand Inga. Leurs arguments peuvent être regroupés en neuf principales catégories :

- *Arguments géopolitiques et Promotion d'une idéologie ;*
- *Grande faiblesse de la gouvernance et Insécurité ;*
- *Destruction de l'écosystème fluvial ;*
- *Destruction de l'écosystème terrestre ;*
- *Production des GES et le changement climatique ;*
- *Déplacement des communautés locales ;*
- *Santé Publique ;*
- *Corruption et Endettement du pays ;*
- *Solutions alternatives au Barrage Grand Inga.*

Au lieu d'être purement scientifiques ou tout simplement objectifs, ces arguments véhiculent plutôt une idéologie, elles sont de nature à porter atteinte à l'intégrité territoriale et à la souveraineté de la R.D. Congo. Certains arguments sont totalement erronés, ils ne correspondent à aucune réalité sur le site d'Inga, ils relèvent tout simplement d'une virulente campagne de désinformation massive. Certains autres sont tirés des études effectuées sur d'autres continents et appliqués au site d'Inga sans aucune réévaluation *in situ*. Enfin, d'autres arguments, bien que fondés, sont intentionnellement exagérés face aux énormes bénéfices que les populations autochtones de la région d'Inga, toutes les populations de la R.D. Congo et de l'Afrique entière pourraient tirer de la mise en valeur de ce gigantesque potentiel énergétique.

Toutes ces assertions ont été systématiquement et méthodiquement réfutées à l'aide de puissants arguments scientifiques. Ce qui a permis de mettre à nu les véritables enjeux cachés des campagnes des ONG et institutions de recherche scientifique occidentales et de certains groupes autochtones instrumentalisés par ces dernières.

L'un des cinq principaux objectifs énoncés dans l'exposé des motifs de la Loi n° 14/011 du 17 Juin 2014 relative au Secteur de l'Électricité oblige l'État congolais de : « *faire de la République Démocratique du Congo une puissance en matière d'énergie électrique* ». Pour répondre à cette obligation, la R.D. Congo devra utiliser tout son potentiel énergétique estimé à 100 000 MW dont 44 000 MW sur l'unique site d'Inga. Les autres sources d'énergie renouvelables sont : l'énergie solaire ; l'énergie éolienne ; l'énergie géothermique ; l'énergie nucléaire et la biomasse en plus des nombreux autres sites de moindre importance d'énergie hydroélectrique. D'après les résultats de nos études, ces sources alternatives ne présentent d'intérêt que comme *infrastructures d'appui, complémentaires au grand réseau hydroélectrique du Grand Inga*. Seule la mise en valeur de tout le site d'Inga (Phases 3 à 8) pourrait, dans moins de 25 ans, permettre à la R.D. Congo de fournir suffisamment d'énergie électrique *propre, non polluante, renouvelable et moins coûteuse et qui serait en plus un moyen de lutte contre la pauvreté des populations et la bombe démographique imminente, la déforestation massive et le changement climatique*. Cette énergie ferait tourner ses compagnies minières d'extraction et de transformation des minerais en produits finis. La R.D. Congo pourra ainsi imposer sa stature sur le marché mondial des minerais stratégiques (coltan, lithium, cobalt, etc.), entrevoir avec assurance son émergence socio-économique et devenir la locomotive économique pour l'Afrique.

En ce qui concerne le déplacement/relocalisation des populations autochtones qui seront affectées par cette infrastructure énergétique (Les *Makhuku Vunda, Makhuku Manzi, Makhuku Futila, Ngimbi, Numbu, Mbenza. Mvuzi 3, Lubuaku, Lundu, Kilengo, Kulu 1, Kulu 2, Kulu 3, Kimufu, Manzi, Yalala, Lufundi 1, Lufundi 2,* etc.), l'État congolais, selon l'article 58 de la Constitution, devrait envisager une indemnisation en nature pour tous :

- déplacer, après consultation, ces populations dans un rayon de 50 à 100 km des zones qui seront affectées par le barrage Grand Inga ;

*- construire une cité moderne qui accueillerait toutes les populations autochtones déplacées des villages énumérés ci-dessus. L'électricité et l'eau leur seront fournies à des prix modiques, symboliques. Cette mégacité, surnommée déjà « **la Cité de l'Énergie d'Inga** », sera un véritable site touristique pourvu de toutes les infrastructures modernes.*

La « *Cité de l'Énergie d'Inga* » présente les avantages suivants pour l'État congolais :

1.- créer une nouvelle entité économiquement viable en réunissant tous les hameaux actuels, malheureusement qualifiés de villages ;

2.- décongestionner et moderniser la ville de Matadi afin de lui donner une nouvelle dimension qu'elle mérite en tant que ville historique du pays ;

3.- créer dans la région d'Inga un « ***Pôle national d'excellence en matière d'énergie hydroélectrique*** » soutenu par la création de **l'Université nationale d'Inga (UNINGA),** dont la principale mission sera la formation des ingénieurs, des scientifiques et des techniciens énergéticiens de très haut niveau, destinés à la recherche, l'innovation et le développement dans le domaine des énergies ;

4.- préparer un espace qui va accueillir une grande gare multimodale moderne, avec une double voie ferrée pour TGV qui relierait Kinshasa à l'Océan Atlantique (Muanda, Banana) et les autres coins du pays.

Cette vision a le mérite de s'intégrer dans le Plan national de Développement de notre pays. Sa réalisation matérielle ne pourrait être possible que si la R.D. Congo élimine toutes les menaces internes et externes et surtout déjoue les enjeux cachés.

Les études prospectives et stratégiques ont mis en évidence l'importance du continent africain en ce qui concerne ses ressources minérales, ses réserves en eau douce et ressources énergétiques, ses grandes superficies de terres arables, ses grandes forêts représentant le deuxième poumon de la planète, etc. La R.D. Congo, vaste pays au cœur de ce continent, réunit à elle seule toutes ces ressources et se trouve au centre de toutes les convoitises à la base de son pillage. Les campagnes des activistes-opposants au Projet de barrage Grand Inga sont à inscrire dans ce contexte général. Elles visent, à défaut de l'empêcher, à retarder le plus longtemps possible la mise en valeur de tout le « Trigone de la Puissance énergétique de la R.D. Congo » afin que ce pays demeure à l'état de réservoirs de matières premières et de déversoir des produits finis du monde occidental. En plus, ces campagnes ont des enjeux cachés de trois ordres, à savoir : les enjeux géoéconomiques, géostratégiques et géopolitiques.

Au niveau africain, les auteurs démontrent que le Barrage Grand Inga est *la solution* à la crise entre l'Éthiopie, l'Égypte et le Soudan.

ABSTRACT

We denounce obscurantism on the part of the National and Western Activist-Opponents who initiated virulent campaigns against the Grand Inga Hydroelectric Dam Project. Their arguments can be grouped into nine main categories:

- *Geopolitical arguments and Promotion of an ideology;*

- *Great weakness of Governance and Insecurity;*

- *Destruction of the river ecosystem;*

- *Destruction of the terrestrial ecosystem;*

- *GHG production and Climate change;*

- *Displacement of local communities;*

- *Public Health;*

- *Corruption and Public debt of the country;*

- *Alternative solutions to the Grand Inga Dam.*

Rather than being purely scientific or simply objective, these arguments rather convey an ideology; they are likely to undermine the territorial integrity and sovereignty of the DR Congo. Some arguments are completely wrong, they do not correspond to any reality on the Inga site, and they are simply the result of a massive and virulent campaign of disinformation. Some others are taken from studies carried out on other continents and applied to the Inga site without any in situ reassessment. Finally, other arguments, although well founded, are intentionally exaggerated in the face of the enormous benefits that the autochthonous populations of the Inga region, all the populations of the DR Congo and all of Africa could derive from the development of this enormous energy potential. All of these claims have been systematically and methodically refuted with powerful scientific arguments. This allowed to expose the real hidden issues of the campaigns of Western NGOs and scientific research institutions and of certain local groups exploited by them.

One of the five main goals in the statement of reasons for the Act No. 14/011 of June 17, 2014 relating to the Electricity Sector forces the Congolese State to: « Make the Democratic Republic of the Congo a power in terms of electrical energy ». To meet this obligation, DR Congo will have to use its entire energy potential estimated at 100,000 MW, including 44,000 MW at the only Inga site. The other renewable energy sources are: solar, wind, geothermal, nuclear and biomass in addition to many other smaller hydroelectric power sites.

According to the results of our studies, these alternative sources are only of interest as supporting infrastructures, complementary to the large hydroelectric network of Grand Inga. Only the development of the entire Inga site (Phases 3 to 8) could in less than 25 years allow DR Congo to provide sufficient clean, non-polluting, renewable and less expensive electrical energy that would be in addition a means of struggling poverty among populations and the impending demographic bomb, massive deforestation and climate change. This energy would make turn its mining companies to extract and transform ores into finished products. The DR Congo will thus be able to impose its stature on the world market for strategic minerals (coltan, lithium, cobalt, etc.), foresee with confidence its socio-economic emergence and become the economic locomotive for Africa.

Regarding the displacement / relocation of indigenous populations who will be affected by this energy infrastructure (*Makhuku Vunda, Makhuku Manzi, Makhuku Futila, Ngimbi, Numbu, Mbenza. Mvuzi 3, Lubuaku, Lundu, Kilengo, Kulu 1, Kulu 2, Kulu 3, Kimufu, Manzi, Yalala, Lufundi 1, Lufundi 2*, etc.), the Congolese state, according to article 58 of the Constitution, should consider compensation in kind for all:

- move, after consultation, these populations within a radius of 50 to 100 km from the areas that will be affected by the Grand Inga Dam;
- build a modern city, which would welcome all the indigenous populations displaced from the villages listed above. Electricity and

drinking water will be supplied to them at low, symbolic prices. This megacity, already nicknamed « *the City of Energy of Inga* », will be a real tourist site provided with all modern infrastructures.

The « City of Energy of Inga » has the following advantages for the Congolese state:

1.- create a new economically viable entity by bringing together all the current hamlets, unfortunately qualified as villages;

2.- decongest and modernize the city of Matadi in order to give it a new dimension that it deserves as the historic city of the country;

3.- create in the Inga region a « National Pole of Excellence in Hydroelectric Power » supported by the creation of the National University of Inga (NUINGA), whose main mission will be the training of engineers, very high-level energy scientists and technicians for research, innovation and development in the energy sector;

4.- prepare a space which will accommodate a large modern multimodal station, with a double railroad for TGV which would connect Kinshasa to the Atlantic Ocean (Muanda, Banana) and the other regions of the country. This vision has the merit of being integrated into the National Development Plan of our country. Its material realization could only be possible if the DR Congo eliminates all internal and external threats and thwarts the hidden issues.

Prospective and strategic studies have highlighted the importance of the African continent with regard to its mineral resources, fresh water and energy resources, large areas of arable land, large forests representing the second lung of the planet, etc. The DR Congo, a vast country at the heart of this continent, alone brings together all these resources and is at the center of all the lusts at the base of its plunder.

The campaigns of activists-opponents to the Grand Inga Dam Project must be seen in this general context. They aim, if not to prevent it, to delay as long as possible the development of the whole « Trigone of the Power of DR Congo » so that this country remains in the state of reservoir of raw materials and western world finished product spillway. In addition, they have hidden challenges of three orders, namely: geoeconomic, geostrategic and geopolitical issues.

Finally, at the African level, the authors demonstrate that the Grand Inga Dam is the solution to the crisis between Ethiopia, Egypt and Sudan.

INTRODUCTION

L'obscurantisme est défini comme une attitude ou un système de pensée visant à s'opposer à la diffusion dans la population des connaissances scientifiques du progrès. Sous cet angle, et par extension, l'obscurantisme s'oppose farouchement à l'évolution, au progrès social, à l'amélioration des conditions de vie de la majorité. En R.D. Congo, cette attitude, qui trouve son origine dans l'absence de vision scientifique de notre territoire, engendre le plus souvent de faux débats, de fausses analyses des défis à relever pour le développement du pays et, plus grave, des comportements autodestructeurs. C'est cet obscurantisme que nous dénonçons dans le chef de ceux et celles, nationaux comme étrangers, qui ont initié des actions contre le Projet hydroélectrique Grand Inga.

D'après le Programme de Développement des Infrastructures en Afrique (PIDA), « *la demande d'énergie électrique (en Afrique) passera de 590 Térawatts-heure (TWh) en 2010 à plus de 3100 TWh en 2040. Ce qui correspond à un taux de croissance annuel moyen proche de 6 %. Pour y faire face, la capacité de production électrique installée devra passer du niveau actuel de 125 gigawatts (GW) à près de 700 GW en 2040 !* »[1]

D'après le Ministère des Ressources Hydrauliques et Électricité de la R.D. Congo, en 2013, ce pays comptait 65 millions d'habitants. Sur ce nombre, seuls 9 % avaient accès à l'énergie électrique (soit **5 850 000** habitants) avec un réseau électrique qui souffre depuis bientôt une décennie d'un délestage quotidien de plusieurs heures nuisant terriblement à l'activité économique. En d'autres termes, **59 150 000** Congolais n'ont pas accès à l'électricité ! Dans ces conditions, comment peut-on entrevoir un développement social, économique et industriel du pays ? En 2050, ce ministère estime que le pays comptera 160 millions d'habitants auxquels il faudra fournir de l'énergie électrique. À ces besoins du Secteur public (domestique), il faudra ajouter les besoins du Secteur industriel et minier dont la demande en énergie électrique connaît une croissance phénoménale depuis la libéralisation de l'exploitation minière [2]. Seul le Barrage Grand Inga pourra répondre à tous ces besoins avec le moins d'impact socio-environnemental possible que d'autres filières énergétiques proposées par les activistes-opposants à ce projet. D'où la nécessité pour l'État congolais et ses partenaires d'investir dans sa construction et pour le peuple congolais de soutenir tous les efforts y afférents. C'est à ce titre que se justifie notre intervention. Elle est fondée sur quatre éléments essentiels :

-1) nous connaissons relativement bien la province du Kongo Central (ex-Bas-Congo) que nous avons visitée soit pour des raisons de recherche scientifique, soit pour des visites familiales et touristiques (Jardin botanique de Kisantu, Centrales d'Inga 1 et 2, Boma, Muanda avec son Parc national de la Mangrove et Banana, etc.) ;

-2) l'un d'entre nous a étudié la biodiversité des poissons d'eau douce de cette région du Fleuve Congo, plus particulièrement les poissons du genre *Labeo* (Teleostei, Cyprinidae) dans le cadre de son mémoire de Maîtrise en Écotechnologie des Eaux Continentales[3] ;

-3) il a participé au « *Congo Project*», un projet initié par une équipe d'ichtyologistes de l'«*American Museum of Natural History* » de New York (USA) sous la direction de la Dre M. Stiassny. Ce projet portait essentiellement sur l'étude de la biodiversité des poissons du cours inférieur du Fleuve Congo et ses affluents, du Pool Malebo à l'embouchure, en passant par le site d'Inga. C'est dans ce cadre que, en 2006, en collaboration avec M. Stiassny et R. Schelly, il a décrit une nouvelle espèce de poisson du genre *Labeo* (*L. fulakariensis* Tshibwabwa, Stiassny & Schelly, 2006)[4]. Donc, nous avons une vue relativement précise de la biodiversité des poissons d'eau douce de cette région dont le site d'Inga concerné par la construction du Barrage Grand Inga ;

-4) enfin, il avait été invité en 2015 par une équipe internationale d'Experts en biodiversité des poissons d'eau douce du monde pour contribuer à une étude collective sur l'impact des grands barrages sur l'environnement. Il avait dû débarquer de cette équipe après avoir constaté que les idées avancées par la majorité des Scientifiques tendaient à empêcher la construction des grands barrages dans le monde, plus particulièrement le Barrage Grand Inga dont l'importance est quasi vitale pour le développement de notre pays.

De nombreux organismes internationaux, institutions de recherche scientifique et groupes d'autochtones instrumentalisés ont engagé une lutte féroce contre le Projet de Barrage Grand Inga. Les arguments des uns et des autres ne résistent pas à l'analyse face aux nombreux avantages que les populations congolaises et africaines pourront tirer de ce complexe énergétique. Outre le manque d'informations, certains arguments relèvent carrément de la désinformation et de la mauvaise foi, par exemple, le Barrage Grand Inga va occasionner le déplacement de 10.000 communautés locales[5] ou, ce barrage va entraîner la suppression des pêcheries endémiques du Fleuve Congo[6]. En outre, les filières énergétiques de substitution proposées par ces organismes et institutions de recherche scientifique ne sont pas de nature à permettre à la R.D. Congo et à l'Afrique d'atteindre leurs objectifs du développement.

Dans cet ouvrage, nous avons réuni les analyses faites par une équipe de chercheurs de CONGO-C.R.I.T.E.R.E.-B.[2] qui a recensé les différents arguments avancés par ceux qui s'opposent au Projet de Barrage Grand Inga. Ces chercheurs ont examiné leurs pertinences (ou fondements) et proposé de puissants arguments de réfutation et des suggestions aux décideurs appelés à contrer l'action de ces opposants auprès des organismes ayant montré leur intérêt à financer ce projet. En outre, ils ont aussi suggéré des solutions afrocentrées aux questions de développement de la R.D. Congo et de l'Afrique, y compris la solution à la crise engendrée par le barrage hydroélectrique de la Renaissance entre l'Éthiopie, l'Égypte et le Soudan.

Étant donné l'importance du sujet pour cette génération et les générations à venir, cet ouvrage s'articule en cinq chapitres. Le premier chapitre va traiter de l'historique du Projet de Barrage d'Inga. « *Sans*

---

[2] *CONGO-C.R.I.T.E.R.E.-B. : Centre de Recherche Interdisciplinaire – Thèmes : Études Relatives à l'Environnement et Biodiversité.*

mémoire, base de l'histoire, point d'évolution », dit-on. Apprendre l'histoire d'Inga permettra à nos compatriotes, particulièrement ceux instrumentalisés par certaines ONG, de mieux comprendre tous ces débats et surtout de mieux saisir les véritables enjeux de notre société dans ce XXIᵉ siècle et aussi de relativiser leurs appréhensions. Les chapitres 2 à 4 feront l'inventaire et l'analyse des arguments des activistes-opposants au Projet de Barrage Grand Inga. C'est dans ces chapitres que nous ferons la réfutation de ces arguments et présenterons quelques solutions afrocentrées aux problèmes d'énergie en R.D. Congo et en Afrique.

Le chapitre 5 traite des enjeux cachés de ce groupe hétéroclite opposé au Projet de Barrage Grand Inga. Une conclusion générale termine ce travail.

CHAPITRE 1 HISTORIQUE DU PROJET DE BARRAGE D'INGA

« Quelle que soit la solution adoptée,
il importe en tout cas de sauvegarder autant
que possible la totalité des réserves énergétiques
du site (d'Inga) afin de ne pas hypothéquer l'avenir.»
F. Campus (1958).

«… Bien plus, certaines études actualisées démontrent
qu'on peut aller jusqu'à Inga 10 pour atteindre 40 000 mégawatts.
Avec ce chiffre, vous imaginez bien que la RDC sera au cœur
du système mondial de la production de l'énergie propre…»
Félix-Antoine Tshisekedi Tshilombo
Président de la R.D. Congo et Chef de l'État (13 déc. 2019).

1.1. Site d'Inga : 203 ans (en 2019) d'une longue et riche histoire

Le Fleuve Congo n'est navigable que sur environ 200 km dans son cours inférieur, de l'embouchure au port de Matadi dans la province de Kongo-Central (Fig. I.1). En amont de cette ville, le fleuve traverse les monts de Bangu et n'est, sur 350 km, qu'une succession de nombreuses chutes dont 32 sont répertoriées. Dans la zone des rapides, à moins de 30 km de Matadi, se trouve le majestueux site d'Inga avec une pente importante du fleuve. En effet, sur une distance de 15 km, entre l'île Sikila et la confluence avec la rivière Bundi, la dénivellation est de 8 % avec successivement les rapides de Shongo, Inga et Kanza. Dans cette zone, le fleuve a une largeur d'environ 1,5 km et des profondeurs supérieures à 100 m. En saison sèche (juillet-août), le débit est de 30 000 m³/s à l'étiage, par contre, en saison des pluies, il peut dépasser 75 000 m³/s ! Cette série de rapides fait du site d'Inga (que nous qualifions de

« *Trigone de la Puissance Énergétique du Congo* » en raison de sa forme en triangle droit), **le plus important gisement de puissance énergétique naturelle concentrée en un même point de notre planète** (Fig. I.2)[7].

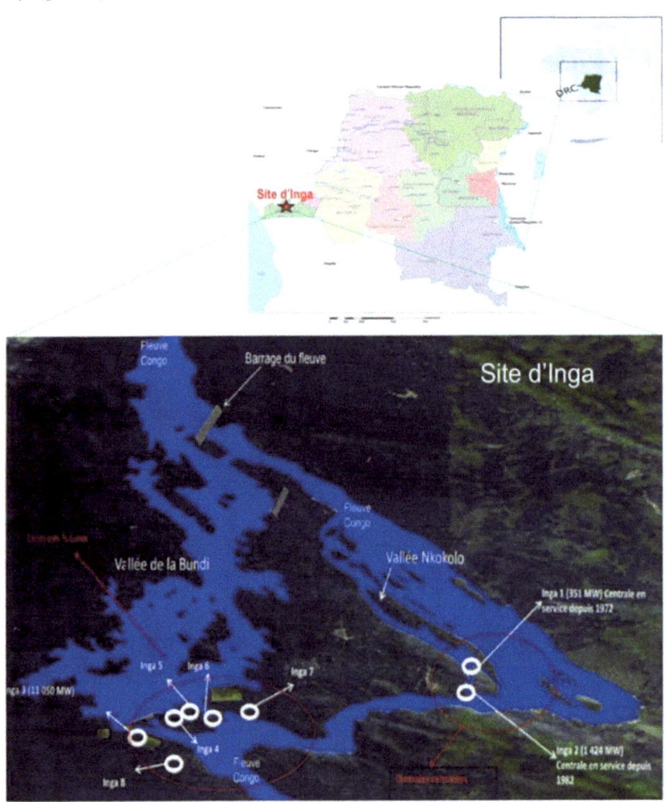

Fig. I.1 : Localisation du Site d'Inga dans la province de Kongo Central. Source : Ministère des Ressources Hydrauliques et Électricité/ R.D.C.- Mars 2014 et Internet. Adaptée par les auteurs, 2019.

1.2. Du nom de « Inga »

Le nom « *Inga* » est une mauvaise transcription du terme « *Yinga* » par l'explorateur britannique et Capitaine de la *Royal Navy* James-Kensington Tuckey. En effet, Tuckey, alors âgé de 40 ans, avait accosté son voilier dans une crique du Fleuve Congo en amont de Boma le 5 août **1816**. Quatre jours plus tard, son expédition arriva en chaloupes aux pieds des rapides de Yelala en amont de l'actuelle ville de Matadi. Ne pouvant remonter le fleuve à cause de ces rapides, le Capitaine Tuckey demanda aux populations autochtones le nom de ces chutes. Ne comprenant pas l'Anglais, elles répondirent « *Yinga* », terme signifiant « Oui» en langue locale (le *Kikongo* d'Isangila) et que Tuckey transcrivit en «*Inga*» dans ses « *Carnets de voyage* ». Le 4 octobre 1816, Tuckey mourrait comme 16 autres membres de son équipage de la fièvre (malaria). On doit aussi à l'Expédition Tuckey au Congo, plus particulièrement à son premier adjoint scientifique, le Prof. Chrétien Smith, une grande collection de plantes recueillies le long du Fleuve Congo. Cette collection fut identifiée et publiée en **1818** par le botaniste britannique Robert Brown, elle comprenait **620 espèces de plantes** (dont **250 nouvelles pour la Science**) réparties en 30 nouveaux genres, inédits à l'époque. Ce fut le premier apport à la Systématique botanique du Bassin du Congo, mais aussi, le début de la grande épopée d'Inga[8].

1.3. Naissance et Évolution du projet de barrage à Inga

En **1885**, le géographe belge Alphonse-Jules Wauters publia les premières études topographiques sur la région des cataractes dans la recherche d'un tracé de chemin de fer pour les contourner. Il fit connaître davantage le relief de cette région. Mais, ce géographe belge est surtout connu pour sa phrase quasi prophétique : « ***Qui nous dit que ces chutes qui sont aujourd'hui un obstacle à la navigation du fleuve, ne deviendront pas un jour, une force, un générateur d'électricité dynamique propre à distribuer la lumière et la force motrice dans les provinces riveraines ?*** » En effet, les chutes d'Inga sont aujourd'hui un générateur d'électricité ![9]

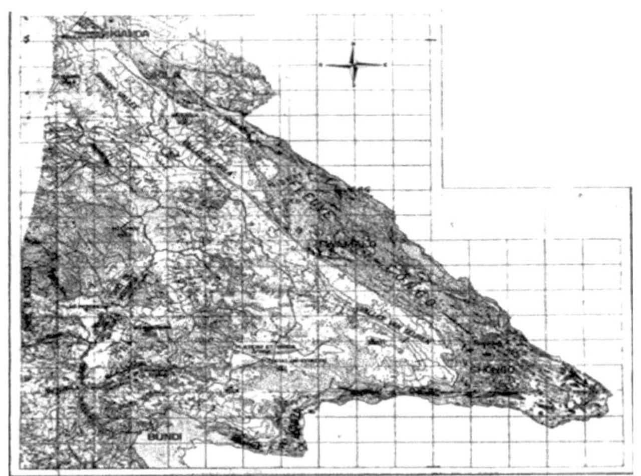

Fig. I.2. Carte du site d'Inga de 1955 : Trigone de la Puissance
Énergétique du Congo de 200 km² de superficie.
Source : T.J. Nzakimuena *et al.*, 2013.

En **1887**, dans son livre intitulé « *Cinq années au Congo, 1879-1884 : Voyages-Exploration-Fondations de l'État libre du Congo*», le journaliste et explorateur britannique Henry Morton Stanley (de son vrai nom John Rowlands) fit les premières reconnaissances géologiques du lit du Fleuve Congo au saillant d'Inga. On doit surtout à cet explorateur le tracé général des frontières de l'État Indépendant du Congo[10 et 11].

En **1900**, Hubert Droogmans, Secrétaire de l'État Indépendant du Congo, publia dans un atlas au 1/100.000 de la région comprise entre l'Océan et le Stanley Pool (actuel Pool Malebo), la première carte détaillée du site d'Inga dressée par le géomètre Abrassart, du service du cadastre de l'État Indépendant du Congo[12].

En **1911**, la Compagnie du chemin de fer (ligne Matadi-Léopoldville (actuel Kinshasa)) projette d'importantes modifications et améliorations à sa voie. Elle envoie une mission sous le commandement du Lieutenant et Ingénieur Robert Thys pour explorer la région en vue de l'utilisation des forces hydrauliques. C'est cette mission qui fournira les premières données scientifiques sur l'hydrologie du Fleuve Congo. Ce Robert Thys n'est pas à confondre avec Albert Thys dont il est le fils. Les Congolais connaissent l'histoire d'Albert Thys, à qui on doit le nom de Thysville (actuelle ville de Mbanza-Ngungu) dans la province du Kongo-Central (ex-Bas-Congo). Albert Thys entre, à vingt-sept ans, au service du Roi Léopold II des Belges en qualité d'Officier chargé du Secrétariat des Affaires coloniales en 1876 grâce à sa grande intelligence et sa meilleure connaissance de la géographie de l'Afrique. En 1883, il est nommé Officier d'ordonnance du Roi Léopold II et devient la pièce maîtresse de l'action du Roi au Congo : il sera le créateur du chemin de fer au Congo, le grand organisateur du développement économique de l'État Indépendant du Congo et de son exploitation par le travail forcé et tous ses abus et atrocités[13], le créateur de nombreuses compagnies et banques, etc. Qualifié par ses compatriotes de « *grand remueur de pierres, d'hommes et de capitaux* », Albert Thys terminera sa carrière au grade de Général et grand financier belge du début du XXe siècle. Sa grande carrière coloniale fait partie intégrante de la conquête économique du Congo. Sa ville natale, Dalhem en

Belgique, est aujourd'hui jumelée à la ville de Mbanza-Ngungu (ex-Thysville)[14].

En **1913**, B.P. Wall, publia dans un rapport dactylographié la « *Première étude hydrographique du Fleuve Congo entre Léopoldville et Matadi* »[15].

En octobre **1925**, le Colonel Pierre Van Deuren, Docteur en Sciences (1904) de la Faculté des Sciences de Paris, publia sur la base des documents disponibles à son époque, un rapport sur la mise en valeur intégrale du Fleuve Congo dans la région des cataractes par la construction des barrages de régulation. Après son voyage au Congo en 1927, il fut alors confronté à la réalité de terrain et publia en **1928** un travail plus réaliste sous le titre : « *Aménagement du Bas-Congo* ». Dans ce travail, le colonel P. Van Deuren prévoyait en plus de barrages, ***des centrales hydroélectriques, une industrie lourde centrée sur l'électrométallurgie et l'électrochimie, trois centres urbains et un nouveau port de mer à Banana***. En régularisant le cours du fleuve par des barrages, il créait des biefs navigables dont les différences de niveau étaient surmontées par ***des ascenseurs***. Mais, il sous-estima la hauteur des rapides d'Inga en limitant la hauteur des barrages à 40 m[16,17,18,19]. Van Deuren est surtout connu des Congolais par le nom qui fut donné à la vallée du site d'Inga (*Vallée Van Deuren*) rebaptisée aujourd'hui sous le nom authentique de *Vallée Nkokolo*. On lui doit aussi la création d'un syndicat d'études pour la mise au point de la question et la constitution des sociétés d'exploitation nécessaires. Ce syndicat vit le jour en janvier **1929** sous le nom de « Syndicat d'études du Bas-Congo (SYNEBA) » avec une triple mission : – *établir un port maritime avec ses liaisons vers l'intérieur ; – créer dans le Bas-Congo des centres de production d'énergie hydroélectrique ; – étudier la navigation sur le fleuve en amont de Matadi.*

En mars **1932**, le Syneba fit connaître, dans son rapport au Ministre des Colonies, qu'il était possible de construire à Inga des installations de production d'énergie électrique satisfaisant à <u>tous les besoins</u> de la Colonie (Congo), même dans un avenir très éloigné, « ***sans avoir à construire d'ouvrages de régularisation du fleuve*** »[20]. C'est cette recommandation qui a été suivie jusqu'à présent dans la marche vers la mise en valeur du site d'Inga.

En novembre **1946** (donc après la deuxième guerre mondiale qui avait ralenti bon nombre de projets sur le Congo), M. F. Leemans initia la création de quatre syndicats d'études dont le Syndicat pour le Développement de l'Électrification du Bas-Congo (**SYDELCO**). Le but principal de ce syndicat était l'étude du captage des chutes du cours inférieur de la rivière Inkisi (Centrale de Zongo). Mais, ses statuts prévoyaient aussi que ses travaux pouvaient s'étendre à d'autres projets dans la région du bas fleuve, notamment sur le site d'Inga dont la production électrique d'environ 50.000 MW d'après les estimations de P. Van Deuren devrait répondre aux besoins en énergie des régions de Matadi, Mayumbe et Léopoldville (Kinshasa) ainsi que les régions de l'Afrique Équatoriale française et de l'Angola, dans un rayon de 1.000 km.

En **1952**, le Syndicat Sydelco fit faire de nombreux travaux dans la région d'Inga notamment :

– l'installation du matériel permanent d'études hydrographiques sur les rives du fleuve ;

– le placement des signaux de repérage pour les levés aériens utilisés par les services de l'Institut géographique du Congo pour l'ensemble des 200 km² du site d'Inga ;

– la construction d'une route carrossable de 20 km à partir de la route de Matadi à Boma ;

– la construction de deux ponts définitifs respectivement de 22 m et 52 m sur les rivières Mvunzi et Bundi ;

– la construction sur le plateau d'Inga des maisons pour trois agents européens et une soixantaine de travailleurs autochtones ;

– la construction d'une piste d'atterrissage pour avions légers, etc.

En **1954**, le site d'Inga, particulièrement riche en ressources hydroélectriques et situé à seulement 40 km du bief maritime du Fleuve

Congo, retint l'attention de la « *Foreign Opération Administration* » des États-Unis, en quête de sources d'énergie pour les besoins futurs de l'industrie américaine de l'aluminium[21].

En mars **1955**, une Commission nationale pour le Développement économique du Congo belge et du Ruanda-Urundi fut instituée par Arrêté royal. Son but était de faire rapport au Roi Baudouin (cinquième roi des Belges, arrivé au trône le 17 juillet 1951) sur l'opportunité et les modalités de création d'un Office de Développement économique du Congo belge et du Ruanda-Urundi qui devait, en fait, s'occuper du problème de la mise en valeur d'Inga.

En janvier **1956**, M. A. Buisseret, Ministre des Colonies, fort des conclusions du Sydelco dirigé par M. P. Guelette depuis juin 1955[22] et des résultats d'une étude économique des Prof. I. De Magnée et W.L. De Keyser de l'Université de Bruxelles[23], fit observer à la Commission des Colonies de la Chambre que « *l'intérêt de l'installation d'une puissante centrale hydroélectrique dans le site d'Inga n'était plus discuté* ».

Au cours de la même année, les bureaux d'études techniques des compagnies belges (Traction et Électricité, Électrobel, Électrorail, Sofina et Bureau d'Études Industrielles Fernand Courtoy) se constituèrent en un nouveau syndicat, le Syndicat pour le Développement et l'Électrification d'Inga (**SYDELINGA**), pour l'étude technique de l'aménagement du site[24]. Toujours en **1956**, fut constitué le Syndicat Belge de l'Aluminium qui comprenait différentes sociétés : la Société Générale, les sociétés du groupe Brufina, la Financière Africaine, la Sidal et la Banque de Paris et des Pays-Bas et la Cominière. À la fin de 1956, le Syndicat Belge de l'Aluminium s'associa à plusieurs compagnies productrices d'aluminium dans un nouveau Syndicat, l'**ALUMINGA :**

– la Compagnie de produits chimiques et électrométallurgiques Pechiney ;

– la Société d'Électrochimie, d'Électrométallurgie & Des Aciéries électriques d'Ugine ;

– la Société anonyme pour l'industrie de l'Aluminium ;

– la Société Montecatini ;

– la Vereinigte Aluminium Werke ;

– l'Aluminium limited (Canada) S.A. ;

– la Reynolds Metals Compagny, USA ;

– la British Aluminium CY Limited ;

– l'Aluminium Compagny of America (Alcoa) ;

– l'Olin Mathieson Chemical Corporation.

En **avril 1957**, le Syndicat Belge de l'Aluminium se constitua en Société anonyme : la Compagnie belge pour l'industrie de l'aluminium (COBEAL). L'Aluminga identifia des sites favorables à l'établissement d'une usine d'électrolyse de l'aluminium dans le Bas-Congo dont le plateau de Kitona, les terrains situés au nord-est de Boma, la région de Sumbi où, un an plus tard, on découvrit de la bauxite (minerai d'aluminium) au taux de 35 %. Plusieurs groupements, futurs utilisateurs de l'énergie qui sera produite à Inga, furent créés en vue d'associer des intérêts belges à l'œuvre d'Inga. Il s'agit des groupements ou syndicats suivants :

– AZOTINGA (la Société Belge de l'Azote, la Société Carbochimique et l'Union Chimique Belge) ;
– CIMINGA (la Compagnie du Congo pour le Commerce et l'Industrie, C.B.R. et C.I.C.O.) ;
– MARITIMINGA (la Compagnie du Congo pour le Commerce et l'Industrie, l'Union Financière et Maritime « UFIMAR », C.M.B., C.M.C., A.M.I., CHANIC, Mercantile Marine Engineering & Graving Dock Cy.) ;
– TRANSINGA (la Cominière, Vicicongo, Otraco) ;

– URANINGA (Electrobel, Compagnie d'Outremer, Electrorail, Evence Coppée, Belge-Nucléaire, Brufina, Cominière, Sofina, Traction, Union Fin. Boël). Ce dernier syndicat, créé à l'initiative du Ministre des Colonies, devait étudier la possibilité d'installer à proximité d'Inga une usine d'enrichissement d'uranium 238. Les États-Unis s'y opposèrent en exprimant clairement leur désir d'empêcher la production d'uranium enrichi à l'étranger. Signalons que les bombes atomiques larguées par l'armée américaine sur Hiroshima et Nagasaki au Japon lors de la deuxième guerre mondiale étaient fabriquées avec l'uranium enrichi provenant du minerai d'uranium extrait des mines de Shinkolobwe au Katanga. Pour les États-Unis d'Amérique, installer une usine d'enrichissement de l'uranium dans un pays qui en produisait signifiait ouvrir à ce pays la voie à la fabrication d'une arme atomique de destruction massive, donc une menace pour le monde dit libre. Pour la petite histoire, l'argent de l'achat de l'uranium de Shinkolobwe par les Américains finança en juin 1959 la construction du Centre Régional d'Études Nucléaires de Kinshasa (C.R.E.N.-K.), un centre destiné exclusivement à la recherche scientifique de très haut niveau sur les applications pacifiques de l'énergie nucléaire pour le développement de la R.D. Congo.

Le **13 novembre 1957**, le gouvernement belge annonça officiellement la décision « ***de réaliser la mise en valeur du site d'Inga par la construction de vastes barrages et de centrales hydroélectriques*** ». Au cours de la même séance officielle, le Roi Baudouin souligna dans son discours que : « *l'importance et la valeur économique de l'énergie disponible font un devoir à la Belgique d'en assurer la mise en œuvre…Les bienfaits et le développement que les populations locales en retireront seront à la mesure des efforts qui y seront consentis….Ainsi s'ouvrira un chapitre nouveau de collaboration harmonieuse et fertile entre la Belgique et le Congo* ». Le syndicat Sydelinga cité ci-dessus avait proposé un schéma technique de développement du site d'Inga dont les traces de prospection géologique sont encore visibles aujourd'hui (Fig. I.3)[25].

En décembre **1957**, fut créé par Arrêté Royal l'Institut National d'Études pour le développement du Bas-Congo, communément appelé **Institut d'Inga**. L'objectif de cet institut était d'étudier l'ensemble de l'équipement hydroélectrique du site, l'infrastructure, le mode de financement des travaux d'équipement du site, les possibilités économiques d'utilisation du courant électrique, les problèmes de transport, démographiques, sociaux et d'urbanisation. Les différents bureaux d'études déjà impliqués dans les études du projet Inga formèrent deux groupes compétitifs, le Sydelinga et la Cominière. Le Sydelinga (une association de bureaux d'études de Traction & Électricité, gérant du Syndicat, Electrobel, Ecetra et Sofina) avait aussi intégré le bureau Courtoy.

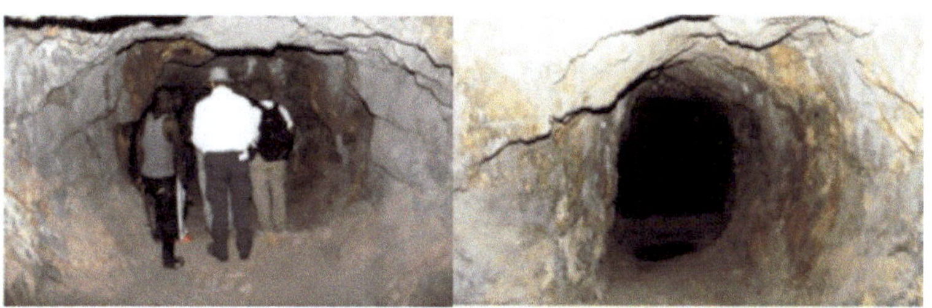

Fig. I.3. Tunnels de prospection géologique du site d'Inga creusés en 1957, visités en 2012. Source : Igr T.J. Nzakimuena, 2013.

Par contre, la Cominière s'était assuré le concours des bureaux étrangers dont Harza Engineering Compagny International de Chicago, le bureau d'études Ebasco de New York (USA), la Vattenbyggnadsbyran (V.B.B) de Stockholm (Suède), l'Electro-Watt de Suisse et la Compagnie Africaine des Ingénieurs-Conseils (CADIC). Afin de mettre un terme à cette compétition malsaine, une décision ministérielle conduisit à la constitution d'un nouveau syndicat sous le nom d'Association nationale des bureaux d'études belges pour l'électrification d'Inga (**ABELINGA**). Au cours de la même année fut créé le Comité International des experts chargés d'étudier les projets remis par les bureaux d'études cités ci-dessus en vue de faire des propositions au Gouvernement. Ce comité était composé de dix experts :
– M. F. Campus, Professeur à l'Université de Liège et Président du comité ;
– M. C.E. Blee, Ingénieur-conseil, ancien Ingénieur en chef de la Tennessee Valley Authority (TVA), USA ;
– I. de Magnée, Professeur à l'Université de Bruxelles, Belgique ;

– P. Fourmarier Jr, Professeur à l'Université de Liège, Belgique ;
– Cl. Marcello, Ingénieur-conseil de Milan, Italie ;
– J. Lamoen, Professeur aux Universités de Bruxelles et Liège, Belgique;
– A. Juillard, Ingénieur-conseil de Berne, Suisse ;
– F.L. Lawton, Ingénieur en chef du département Énergie-Aluminium Ltd de Montréal, Canada ;
– L. Dupriez, Professeur à l'Université de Louvain, Belgique ;
– Fr. Vogt, Directeur général de la *Norwegian Watercourse and Electricity board,* d'Oslo, Norvège.

En **1958**, Fernand Campus, Pro-Recteur de l'Université de Liège, Président du Comité des Experts pour Inga, Président de l'Institut National d'Études pour le développement du Bas-Congo et Membre de l'Académie royale des Sciences Coloniales, publia une importante étude sur l'aménagement hydroélectrique du Fleuve Congo à Inga[26]. Cette étude peut être considérée comme la base scientifique du projet Grand Inga en ce sens que l'on y trouve la description détaillée du site d'Inga, sa géologie, son hydrologie, sa bathymétrie, les calculs des mesures de puissance et énergie disponibles en fonction de la hauteur des chutes et du débit, etc.

En août **1959**, sous la pression des aluminiers (grands demandeurs d'énergie électrique pour leur industrie d'aluminium) et craignant la concurrence du projet du barrage de la Haute Volta au Ghana, le Ministre des Colonies créa l'Établissement Public Inga (**EPINGA),** qui devait s'occuper de la réalisation des travaux sur le terrain. Parmi les administrateurs de cet établissement, on trouvait, en plus des Belges, deux Congolais, Joseph Pambu, Chef de Territoire (Bas-Congo) et Godefroid Munongo, Chef des Yeke au Katanga. La composition du Conseil d'Administration (C.A.) de cet établissement public fut sévèrement critiquée par M. Campus lors de la réunion de novembre 1959 : «...*C'est aussi ma conviction profonde que l'Établissement Public INGA, tel qu'il est constitué, n'est pas à même de remplir ce rôle. Il ne s'y trouve aucune compétence en matière de construction hydraulique et de génie civil des aménagements hydroélectriques...*»

En effet, on peut se demander ce que faisait M. G. Munongo (alias *Kifwakiyo*, ainsi surnommé dans la première épuration ethnique des Kasaïens qu'il dirigea au Katanga), descendant de M'Siri, dans ce C.A?

En février **1960**, le syndicat Abelinga remit à Epinga tous les résultats de son étude complémentaire d'où il ressortait que l'aménagement de la vallée Van Deuren (Vallée Nkokolo) avec une première étape de 200 000 kW était techniquement possible sans porter atteinte au développement ultérieur du site. Le schéma technique des experts de ce syndicat proposait le développement du site d'Inga en 16 centrales (Fig. I.4).

En mai **1960**, Epinga envoya M. Guillain (Administrateur-Délégué) et M. Puttemans (Administrateur-Directeur) à Washington pour présenter à la Banque Internationale pour la Reconstruction et le Développement (B.I.R.D.) le dossier technique de l'aménagement du site d'Inga. La B.I.R.D. posa plusieurs conditions dont deux majeures : « *la conclusion d'engagement ferme de la part des consommateurs et la position des autorités congolaises relativement au projet* ».

Le **30 juin 1960**, la colonie du Congo belge acquiert son indépendance. Le nouvel État, visionnaire, créa fin 1960, un nouvel organisme dénommé « **Haut-Commissariat d'Inga** » dont le but était de diriger pour le compte du nouvel État les activités d'Epinga.

1.4. Vers la matérialisation du projet de barrage d'Inga

Après 145 ans de gestation (soit de 1816, date de la révélation des chutes au monde occidental, à 1961, l'an 1 de la Première République), le projet d'Inga allait enfin connaître sa matérialisation.

En **1961**, le Président J. Kasa-Vubu fit rétablir les contacts avec la B.I.R.D. et le syndicat des utilisateurs de l'électricité. La B.I.R.D. subordonna le financement de l'aménagement d'Inga à la signature préalable d'un contrat de vente d'énergie électrique aux aluminiers américains, particulièrement la Kaiser Aluminium.

En **1963**, les Italiens de la Société Italo-Congolaise pour les Activités Industrielles (SICAI) s'intéressent au projet d'Inga, ils reprennent les études d'Abelinga et pensent pouvoir créer un pôle de développement industriel tourné vers le marché intérieur.

Le 24 novembre **1965** : cette date marque la naissance de la Deuxième République par un coup d'État militaire. Le Président Kasa-Vubu est chassé du pouvoir par l'armée dirigée par le Colonel Mobutu qu'il venait d'élever six jours plus tôt au grade de Lieutenant-Général de l'Armée Nationale Congolaise (A.N.C.) lors d'une cérémonie officielle au Camp Kokolo à Kinshasa. Le gouvernement congolais promulgua un Décret-Loi portant création de « l'Office National de Développement de la Zone d'Influence d'Inga », chargé des coordinations économiques.

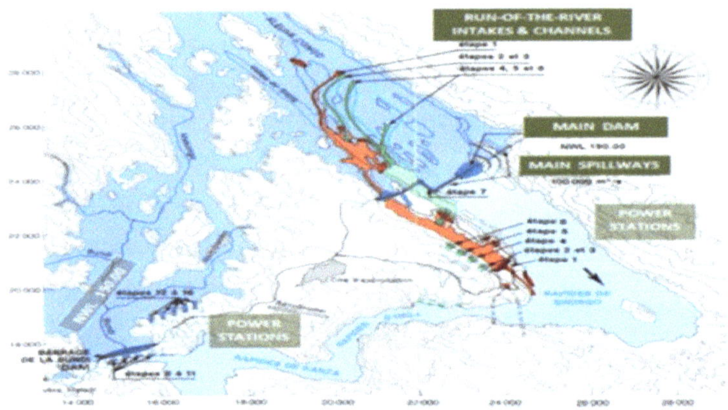

Fig. I.4. Schéma technique du développement du site d'Inga en 1960.
Source : T.J. Nzakimuena *et al.*, 2013.

En **1967**, visionnaire (ou frappé de folie de grandeur selon certaines critiques de cette époque), le Président J.-D. Mobutu décida le démarrage des travaux de construction de la Centrale Inga 1. Il créa pour cela le « ***Comité de Contrôle Technique et Financier d'Inga*** ». Ce comité était chargé d'actualiser le dossier technique et de surveiller les travaux de construction sur le site. À cette date, le pays n'avait toujours pas eu les accords des utilisateurs de l'électricité qui sera produite, en l'occurrence, une usine sidérurgique et une usine d'engrais.

En janvier **1968**, le Président Mobutu dissout Epinga, le Haut-Commissariat d'Inga et l'Office National du Développement de la Zone d'Influence d'Inga. Leurs attributions furent confiées au « *Comité de Contrôle Technique et Financier d'Inga* », le Maître d'ouvrage étant l'État congolais et les études d'industrialisation liées à Inga supervisées par le Bureau de la Présidence de la République sous la direction de l'Ingénieur électricien rwandais Barthélémy Bisengimana Rwema. La passation des travaux, les fournitures et le montage du matériel étaient confiés à Italinga, un groupe formé d'une entreprise des travaux publics et de deux constructeurs italiens. Cette date marque aussi le début effectif des travaux du barrage Inga 1.

En **1969**, la Communauté Économique Européenne (C.E.E.) soutient le projet de barrage à Inga.

En mai **1970**, le Comité de Contrôle Technique et Financier d'Inga est dissous et remplacé par une nouvelle compagnie, la **Société Nationale d'Électricité** (SNEL).

En **1972**, les sociétés italiennes Ansaldo-Gie et Astaldi achèvent la construction du barrage et de l'usine hydroélectrique et mettent en service la Centrale Inga 1 avec 6 groupes de turbines-alternateurs de 58,5 MW unitaire, soit une puissance totale de 351 MW (Fig. I.4).

Fin **1973** débutait la construction du barrage et de l'usine hydroélectrique d'Inga 2.

En **1982** : Fin des travaux du barrage et usine hydroélectrique d'Inga 2 : Inga 2A avec 4 groupes montés par le consortium ACEC-Westinghouse et Inga 2B avec 4 groupes montés par le consortium Siemens-Neyrpic. Chaque groupe a une puissance de 178 MW, soit une puissance totale de 1424 MW (Fig. I.5)[27].

En **1983** : La ligne HTCC Inga-Kolwezi (communément appelée Inga-Shaba) est mise en service le 24 novembre par le Président Mobutu. La construction de cette ligne de transport de courant continu haute tension, longue de 1700 km, donna raison à ceux qui avaient perçu la folie de grandeur chez le Président Mobutu. En effet, pour des raisons politiques et de règlement de comptes personnels, il refusa que les villages traversés par cette ligne HTCC ne soient éclairés : – *haine contre les Kasaïens dont certains Commissaires du Peuple (Députés) avaient, malgré le régime répressif de parti unique, le Mouvement Populaire de la Révolution (MPR) qui sévissait au Zaïre, fondé l'Union pour la Démocratie et le Progrès Social (UDPS), unique parti d'opposition intérieure qui lui donnait des insomnies ; – rancune contre les habitants de Bandundu, particulièrement ceux du Kwilu, fief de la rébellion lumumbiste d'Antoine Gizenga et Pierre Mulele. Cette rébellion avait presque décimé les troupes de Mobutu dans le Bandundu, celles-ci n'avaient eu leur salut que grâce à l'intervention de l'armée belge. Quand il en eut l'occasion avec la complicité de M. Justin Bomboko (Ministre des Affaires Étrangères), Mobutu tua personnellement Mulele par torture sauvage et démembrement au Camp militaire Kokolo à Kinshasa le 3 octobre 1968 et fit jeter les parties de son corps dans le Fleuve Congo.*

Fig. I.5. Barrages d'Inga 1 et 2.
Source : Hydrocarbures Yaoundé-Genève-Déc. 2015. Dossier Inga.

De **1993 à 1997**, la BAD accorde un financement au groupe « EDF-Lahmeyer » pour effectuer des études sur le développement d'Inga 3. Pour consommer l'énergie qui sera produite, la Communauté de Développement d'Afrique Australe (SADC) et la « *Southern African Power Pool (SAPP)* » élaborent une carte des « *autoroutes d'énergie* » à travers l'Afrique[28]. Cette période est caractérisée au Zaïre par une très grande turbulence socio-économique et par tous les symptômes de fin de règne du MPR-Parti-État, parti unique. Le Président Mobutu est chassé du pouvoir et s'exile au Maroc. Il est remplacé par Laurent-Désiré Kabila, propulsé au sommet du pouvoir par l'armée rwandaise dirigée par Paul Kagame. Le pays change de nom, il redevient la R.D. Congo. L'instabilité s'installe au pays dont tous les services régaliens sont infiltrés par les sujets rwandais et ougandais[3]. Le Président L.D. Kabila est assassiné en 2002 dans son palais dans des conditions demeurées nébuleuses jusqu'à ce jour et remplacé par son fils Joseph Kabila Kabange. Pendant cette sombre période, les tractations sur le barrage Grand Inga ont connu un grand ralentissement.

En **2004**, Signature des protocoles d'accords, d'une part, un protocole d'Accord inter-gouvernemental (R.D.C., Angola, Namibie, Botswana et Afrique du Sud) portant création de la société « *Western Power Corridor and Télécommunication* (Westcor) » et, d'autre part, un protocole d'Accord inter-sociétés : *SNEL* (R.D.C.), *EMPRESA NACIONAL DE ELECTRICIDADE* (Angola), *NAM POWER* (Namibie), *BOTSWANA POWER* (Botswana) et *ESKOM* (R.S.A.).

La Westcor projetait de construire une centrale hydroélectrique d'Inga 3 d'une puissance de 3 500 MW et une ligne de transport de courant continu haute tension sur le flanc Sud-Ouest de l'Afrique qui partirait d'Inga (R.D.C.) et passerait par l'Angola, la Namibie, le Botswana pour atteindre l'Afrique du Sud. On envisageait également une ligne vers le Nord du continent pour alimenter l'Égypte qui venait de manifester son intérêt.

---

[3] Lecture recommandée en ligne: Tshibwabwa, S., 1999. *Les 12 erreurs politiques du Président Laurent-Désiré Kabila. Vers un deuxième échec des Progressistes congolais?* Production CONGO-C.R.I.T.E.R.E.-B./Kinshasa. R.D. Congo. 46 p.

En **2005** : BHP-Billiton (*un géant minier, projetant transformer la bauxite de la mine de Boffa en Guinée Konakry en alumine dans une fonderie d'aluminium à construire dans le Bas-Congo en utilisant 2 000 MW d'électricité qui sera produite par Inga 3*) réalise le deuxième projet nommé « *Option tunnel* » sur la base de l'étude de faisabilité réalisée par la firme canadienne SNC-Lavalin. Cette option ne sera pas retenue et les tunnels de prospection géologique, creusés en 1957, demeureront une empreinte historique sur le site (Fig. I.3).

En **2008** : La Banque Africaine de Développement (BAD) finance le consortium AECOM/EDF pour une seconde étude dont les résultats ne seront présentés qu'en 2013.

En **2010** : La BAD et le consortium RSW/EDF signent un contrat pour la réalisation d'une étude de faisabilité du développement du site d'Inga. Au cours de la même année, la R.D. Congo lance un appel à manifestation d'intérêt pour développer la version d'Inga 3 proposée par BHP. Une commission d'experts de différents ministères présélectionne six groupements de candidats-développeurs dont seulement trois remettront une stratégie pour Inga 3 : *l'ACS/AEE Power* (ou *ProInga*, Espagne), le *Groupe Trois Gorges* (filiale CWE)/Sinohydro (Chine) et le *Groupe SNC-Lavalin/Posco-Daewoo* (Canada/Corée du Sud). Ce dernier groupe, sous sanction de la Banque Mondiale (BM), sera éliminé de la liste des compétiteurs. Les deux groupes restants (*ProInga* et le *consortium chinois d'Inga*) se présentent de la manière suivante :

ProInga est un consortium principalement occidental, il est constitué des compagnies suivantes :

- la *AEE Power*, société espagnole, déjà bien introduite au Congo, où elle a six projets en cours évalués à 90 millions $US sur financements de la BM, la BAD et les Fonds Propres ;

- la *Actividades de Construcción y Servicios*, groupe espagnol, géant de la construction dont la filiale Cobra impliquée dans ce consortium emploie plus de 35 000 travailleurs dans 60 pays ;

- l'*Andritz*, groupe allemand fabriquant de 60 % des centrales hydroélectriques en Afrique ;

- la *MWH*, une société américaine leader en matière d'ingénierie hydroélectrique ;

- le *Macquarie*, groupe américain, chef de file mondial dans le domaine du *Project finance* ;

- le *Herbert Smith Freehills*, cabinet d'avocats spécialisé dans le domaine.

Le *consortium chinois d'Inga* comprend uniquement des acteurs chinois :

- la *Three Gorges Corporation*, une entreprise chinoise, maître d'œuvre du plus grand barrage au monde du même nom ;

- la *PowerChina/Sinohydro*, une entreprise chinoise déjà bien implantée en R.D. Congo dans le cadre des contrats « *minerais contre infrastructures* » et dans la construction des barrages hydroélectriques de Zongo II (Province du Kongo Central) et de Busanga (Province du Lualaba) ;

- le *Changjiang Institute of Survey, Planning, Design and Research*, un bureau d'études chinois qui a participé à la conception et à la planification du projet Three Gorges.

En **2011** (27 janvier) : Organisation au Grand Hôtel de Kinshasa d'un atelier national préparatoire au lancement de l'étude de développement du site d'Inga par phases successives selon l'étude de faisabilité réalisée par AECOM-EDF. C'est le troisième projet nommé « *Option à ciel ouvert* ». C'est cette dernière option qui a été retenue (Fig. I.6 et I.7).

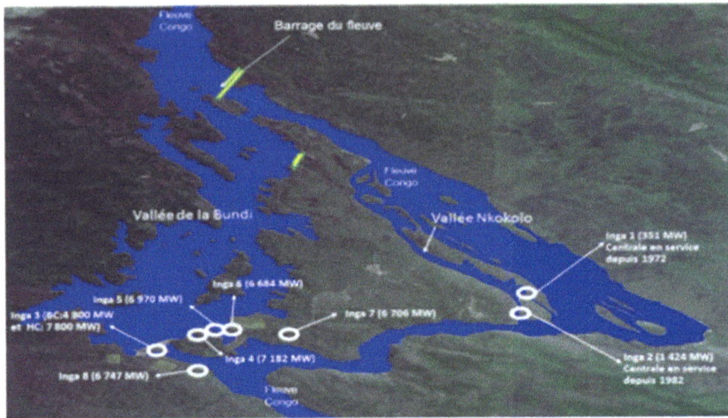

Fig. I.6. Développement du site d'Inga par phases successives (Grand Inga). Source : Ministère des Ressources Hydrauliques et Électricité/R.D.C.- Mars 2014.

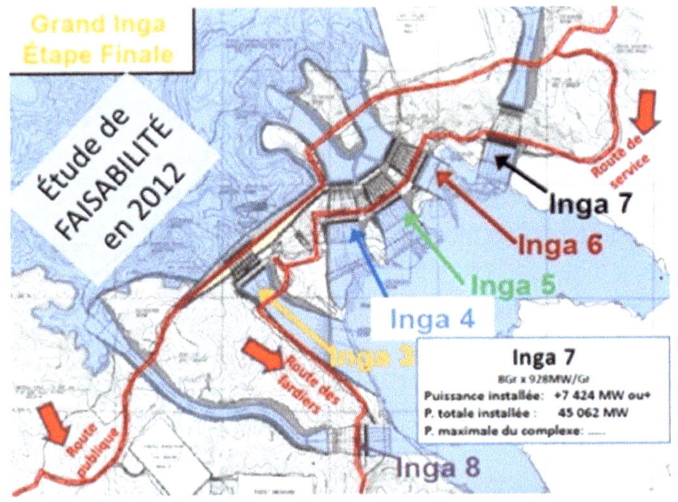

Fig. I.7. Phases successives de Grand Inga. Source : Ministère des Ressources Hydrauliques et Électricité/R.D.C., Mars 2014.

Et le 12 novembre de la même année, le Gouvernement de la R.D. Congo (Producteur et Fournisseur) et le Gouvernement de la

République Sud-Africaine (Client), sous le patronage des Présidents J. Kabila et J. Zuma, signaient le protocole d'entente en ce qui concerne le Projet Grand Inga. Cette signature était précédée au courant du même mois par le Sommet de Cannes du G20 au cours duquel Grand Inga figurait parmi les onze « projets exemplaires » mis en avant à ce sommet.

En **2012** : le groupement AECOM-RSW/EDF dépose auprès du gouvernement congolais le Rapport de faisabilité provisoire de l'Étude de développement du site hydroélectrique d'Inga et des interconnexions associées. Au cours de cette même année, BHP-Billiton (client) annonce qu'il abandonne son projet d'exploitation de la bauxite de Guinée Konakry et de fonderie d'aluminium dans le Bas-Congo en raison de l'évolution négative du marché de l'aluminium. Donc, le projet Inga 3 perd un important futur client.

En 2013 : Le gouvernement congolais crée trois structures institutionnelles pour assurer la coordination au niveau politique, technique et public :

- La *Commission pour le Développement du Site d'Inga* (CODESI), chargée de la coordination interministérielle[29] ;

- La *Cellule de Gestion des projets Inga 3* (CGI3), constituée des techniciens du Ministère des Ressources hydrauliques et Électricité en charge de l'exécution des projets[30] ;

- Le *Comité de Facilitation d'Inga* (CFI), chargé de la supervision des travaux[31].

Du 20 au 21 septembre 2013, un grand atelier financé par la BAD et le Gouvernement de la R.D. Congo est organisé à Kinshasa pour présenter les résultats de l'étude de faisabilité de développement du site d'Inga et des réseaux associés[24]. Lors de cet atelier, le consortium AECOM/EDF présentera (résultats des études commencées en 2008) une nouvelle approche pour le développement d'Inga 3 : une première phase, ***Inga 3 Basse Chute***, d'une puissance de 4 800 MW et une deuxième phase, ***Inga 3 Haute Chute*** d'une puissance de 3030 MW.

Au cours de la même année, le Traité du Projet Grand Inga est signé entre l'Afrique du Sud et la R.D. Congo.

Enfin, signalons que pendant cette période chacune des trois structures institutionnelles avait réalisé d'importants travaux, par exemple, la *Cellule de Gestion des projets Inga 3* (CGI3), en concertation avec les bailleurs, avait rédigé onze termes de référence repris ci-dessous :

-1. Études d'impact environnemental et social (EIES) des petites et moyennes centrales hydroélectriques ;

-2. Cadre de gestion des ressources culturelles physiques d'Inga 3 ;

-3. Cadre de planification en faveur des populations autochtones (CPPA) pour la ligne de transmission Inga 3 ;

-4. Études environnementales et sociales relatives au projet Inga 3, y compris la nouvelle ligne de transmission jusqu'à la frontière zambienne;

-5. Étude d'impact environnemental et social (EIES) de la centrale hydro-électrique et des ouvrages communs d'Inga 3 ;

-6. Extension du mandat du panel d'experts en sécurité des barrages chargé du suivi de la réhabilitation des barrages Inga 1 et Inga 2 pour le suivi du projet d'assistance technique visant la conception du barrage d'Inga 3 ;

-7. Panel d'experts environnementaux et sociaux d'Inga 3 ;

-8. Plan d'action de réinstallation (PAR) de la ligne de transmission SAAP ;

-9. Plan d'action de réinstallation (PAR) des populations du camp Kinshasa et des villages situés dans la concession de la Société nationale d'électricité (SNEL) à Inga ;

-10. Cadre de politique de réinstallation (CPR) des moyennes centrales hydroélectriques ;

-11. Plan de développement communautaire « ayants-droit » du site d'Inga/province du Bas-Congo, juin 2013.

En décembre 2013, le directeur exécutif de l'Agence américaine d'aide publique (USAID) visite le site d'Inga et promet un soutien financier au Projet Inga 3. Il est contredit quelques jours plus tard. En effet, en **janvier 2014**, sous la pression des ONG, le Congrès américain insère dans la loi des finances, une disposition assassine pour Inga 3 : *«…la politique des États-Unis est de s'opposer à tout prêt, don, stratégie ou politique qui appuie la construction d'un grand barrage hydroélectrique ».* Cette disposition va entrainer non seulement l'arrêt du soutien américain au Projet Inga 3 mais elle sera aussi à l'origine du retrait de la Banque Mondiale du financement du Projet Inga 3[32].

En **2014**, M. Bruno Kapandji Kalala, Ministre des Ressources hydrauliques et Électricité, présente à la 2ème édition de la Conférence minière de la R.D. Congo à Goma une conférence intitulée « *Inga 3 au service de l'Afrique : Défis et Perspectives* ». Il annonce que le gouvernement a retenu les services de trois candidats développeurs motivés (*le groupement SNC-Lavalin/Daewoo/Posco, le groupement ACS/EUROFINSA/AEE* et *le groupement CTGPC/CWE/ SINOHYDRO*). Il annonce également que la pose de la première pierre est programmée pour octobre 2015. Signalons que cette cérémonie n'aura lieu ni en cette date ni en mai 2021, date de l'envoi de notre manuscrit revu et complété pour la troisième édition.

Le 14 mars de la même année, M. Eustache Ouayoro, Directeur des opérations de la Banque Mondiale en R.D. Congo, déclarait dans une conférence de presse à Kinshasa au sujet de la première phase (Inga 3) du Projet Grand Inga : « *En finançant la construction du barrage Inga 3, la Banque Mondiale veut créer les conditions favorables pouvant permettre à la R.D. Congo de bien se reconstruire* ».

Le 6 juin de la même année, le Sénat congolais adopte le projet de loi portant autorisation de ratification du Traité du Projet Grand Inga, signé en 2013 entre l'Afrique du Sud et la R.D.C.

Du 22 au 24 juillet 2014, se tient à Kinshasa un atelier d'échange d'informations préparatoires à la finalisation du document de consultation du processus de sélection d'un partenaire privé pour la réalisation du Projet Inga 3. Au cours de cet atelier, deux consortiums font des observations intéressantes. Le *consortium chinois* suggère plusieurs points importants, à savoir mener des études sur :

- l'influence de la sédimentation de la boue et du sable à hauteur du barrage dans le coût d'exploitation,

- le problème des fuites dans la construction du canal,

- la topographie sous-marine du fleuve,

- les données et les travaux hydrologiques,

- les systèmes de prévision automatique,

- la sélection et la comparaison des meilleurs programmes et des modèles physiques,

- d'autres facteurs clés qui auront une influence à long terme sur les travaux.

Le *consortium espagnol*, quant à lui, souhaite qu'on lui fournisse des informations sur :

- les impacts environnementaux globaux sur l'ensemble du projet,

- les modèles physiques des ouvrages,

- la structure des turbines.

En **2015** : Ordonnance Loi n° 15/079 du 13 octobre 2015 portant création, organisation et fonctionnement d'un service spécialisé au sein de la Présidence de la République dénommé « *Agence pour le Développement et la Promotion du Projet Grand Inga* » en sigle ADPI-RDC »[33].

M. Bruno Kapandji Kalala, ancien Ministre des Ressources hydrauliques et Électricité est nommé Chargé des missions au Cabinet du Président de la République pour assurer la direction, l'organisation, la coordination et la surveillance de l'Agence. Il sera assisté par deux coordonnateurs, l'un en charge des questions administratives et financières et l'autre en charge des questions techniques. Selon l'article 2 de cette ordonnance, l'Agence est l'Autorité compétente notamment pour la promotion, le développement et la mise en œuvre du projet hydroélectrique Grand Inga. A ce titre et sans limitation, elle détermine le cadre du Projet, le lancement, le suivi et le contrôle de qualité des études et des travaux de chaque phase du projet, la sélection des partenaires privés ainsi que l'octroi et la gestion des concessions.

Pour une transparence, fonctionnements, bonnes pratiques et aide à la prise de décisions, l'ADPI avait sollicité les services de Nodalis, une entreprise française spécialisée dans le conseil pour les pays émergents.

La création de l'ADPI est dictée par la volonté politique d'affirmer la souveraineté de la R.D. Congo en tant qu'État apte à lever librement toute option stratégique pour son développement sans être influencé par des puissances étrangères. C'est dans ce même esprit que, lors de la construction des centrales Inga 1 et 2, pour mettre un terme aux ingérences étrangères, le Président Mobutu avait créé en janvier 1968, une structure dépendant directement de la présidence et dont il confia la direction à l'Ingénieur électricien rwandais Barthélémy Bisengimana Rwema.

Cette affirmation de sa souveraineté en cette matière va entraîner en 2016 une vive réaction de la BM, non contente de se faire retirer le droit d'adjuger des marchés. En effet, il est anormal de prêter l'argent à un pays (même à un taux d'intérêt non concurrentiel !) et lui imposer ou recruter pour lui des compagnies avec lesquelles il doit impérativement faire affaire.

En juillet 2016 : Comme dit ci-dessus, la Banque Mondiale va suspendre le décaissement des financements au titre de son projet d'assistance technique au Projet Inga-3/Basse Chute. À la base de cette rupture, le refus du gouvernement congolais de laisser la Banque Mondiale prendre le leadership du Projet Inga 3, un important projet en amont de tous les projets de développement pour la R.D. Congo et pour tout le continent africain. Cette rupture trouve surtout sa justification dans la disposition assassine pour Inga 3 insérée dans la loi des finances par le Congrès américain sous pression des lobbies constitués des ONG et institutions de recherche scientifique américaines comme signalé ci-dessus (Voir Tiret 2013).

Fin 2016, est organisée une session de travail restreinte dans la Province du Kwilu pour évaluer les propositions des consortiums chinois et espagnol. Y sont invités :

- l'ADPI,
- le cabinet Conseil Orrick (Expert juridique),
- le cabinet Conseil Lazard (Conseiller financier),
- le cabinet Conseil Tractebel (Conseiller technique).

De cette session de travail du Kwilu sortira une grande décision, celle de voir les deux consortiums (*Groupement chinois d'Inga 3* et *ProInga*) présenter une « *offre conjointe* » en considération de leurs dossiers de réponse, des enjeux du projet et des développements pertinents du marché et de la demande.

En 2017 (juin), l'ADPI communique cette décision aux deux consortiums, le *Groupement chinois d'Inga 3* et *ProInga*[34]. Cette décision est principalement dictée par des considérations d'ordre technique et financier. D'une part, la réalisation du Projet Inga 3 en quatre ou cinq ans et, d'autre part, la capacité du *Groupement chinois d'Inga 3* de mobiliser des capitaux.

Suite à cette décision, *ProInga* va présenter tout un nouveau design pour le Projet Inga 3 :

- capacité installée pouvant aller jusqu'à 12,8 GW,

- des modèles financiers,

- des propositions de structuration juridique,

- 800 pages de plans techniques détaillés dont 120 élaborés par une centaine d'ingénieurs parmi lesquels les ingénieurs du puissant groupe d'ingénierie américain MWH.

Pour répondre aux attentes de l'ADPI, les consortiums *ProInga* et *Groupement chinois d'Inga 3* produiront en décembre 2017, lors de leur session de travail de Pékin, une « *offre optimisée* » commune. Dans cette « *offre optimisée* », les deux parties affirment être d'accord sur trois principaux points :

- *la puissance du projet (au moins 10 GW),*

- *la période requise pour la construction (7-8 ans),*

- *le coût-plancher de l'électricité générée (0,03 dollar par kW/h).*

En **2018** : L'ADPI organise à Paris (Juin 2018) une série de réunions entre les développeurs et son Cabinet Conseil Orrick. Les parties présentes s'accordent sur les paramètres suivants du Projet Inga 3 :

- *capacité installée d'au moins 10 GW ;*

- *la moitié de cette production sera vendue à l'Afrique du Sud ;*

- *nécessité pour le projet de barrer le Fleuve Congo ;*

- *le prix maximal du kilowattheure sera fixé à 2,55 centimes de $ US.*

En octobre 2018, l'Accord de développement exclusif est signé entre les parties et « *l'offre conjointe* » conforme est remise à l'ADPI en novembre 2018 (*Cfr* Tableau ci-dessous).

En décembre 2018, le Ministre sud-africain de l'Énergie, M. Jeff Radebe, exprime l'intérêt de son pays, principal acheteur de l'énergie d'Inga 3, d'obtenir 2 500 MW supplémentaires, ce qui porterait son quota à 5 000 MW sur les 11 050 MW prévus.

En **2019** : Fin janvier 2019, S.E. le Président de la République et Chef de l'État, M. Felix-Antoine Tshisekedi Tshilombo prête serment devant la nation. Il succède à M. J. Kabila. Dans son discours de circonstance, il fait du Projet Inga 3 une de ses priorités dans sa vision du développement de la R.D. Congo et dans sa politique d'intégration régionale africaine. Dans cette vision, il faut investir dans le Projet de Barrage Grand Inga pour des raisons géopolitiques, géostratégiques et pour le leadership de notre pays sur l'échiquier national et international.

Pour comprendre l'importance que le Président de la République, M. Felix-Antoine Tshisekedi Tshilombo (Fig. I.8), accorde au Projet Inga 3 (première phase du Projet de Barrage Grand Inga), nous reprenons ci-dessous ce paragraphe tiré de son discours sur l'état de la Nation prononcé le vendredi, 13 décembre 2019 devant le Congrès au Palais du Peuple[35] :

«…Le Gouvernement a entamé des pourparlers avec des bailleurs de fonds pour finaliser les grands projets dans le secteur de l'électricité. C'est le cas du Grand Inga, avec le Projet Inga 3. Ce projet se présente en deux options. La première, de 4 800 MW, a obtenu un financement par le truchement de la Banque Africaine de Développement, BAD en sigle, pour commencer la construction à partir du premier trimestre de 2020. Les études de faisabilité ont été financées totalement par la BAD à hauteur de 75 millions de dollars américains. La deuxième option, de 11 000 MW, deux groupes, chinois et espagnol, n'ont pas encore réalisé des études de faisabilité. Les pourparlers sont en cours entre les deux groupes pour former un consortium afin d'aborder efficacement cette question. Face à cette situation, je propose qu'avec un seul grand ouvrage (barrage) idéalement localisé, il sera possible de réaliser progressivement des salles des machines (groupes turbine-alternateur) avec des capacités simple et cumulées de 4800 MW, 7500 MW et enfin 11 000 MW et plus, grâce aux points de prise Inga 3 et Inga 4. Le modèle de développement mis en place nous laisse la latitude de combiner certaines de ces phases, compte tenu du fait que la demande de cette énergie est disponible et très urgente, pour notamment servir le développement d'une usine de production d'alumine électrolytique dans la province du Kongo Central. En résumé, une réunion entre la République Démocratique du Congo et la BAD va se tenir avant le 20 décembre prochain à Abidjan pour signer l'accord relatif à l'option de 4800 mégawatts jusqu'à atteindre 11 000 mégawatts voire plus. Bien plus, certaines études actualisées démontrent qu'on peut aller jusqu'à Inga 10 pour atteindre 40 000 mégawatts. Avec ce chiffre, vous imaginez bien que la RDC sera au cœur du système mondial de la production de l'énergie propre…»

Ce discours, qui affirme la souveraineté et le leadership du pays en matière énergétique, a été très applaudi et très bien accueilli par la population congolaise et les investisseurs du domaine, il met un terme aux campagnes des activistes-opposants au Projet de Barrage Grand Inga (*Lire la réfutation des arguments des activistes-opposants à ce projet dans les chapitres suivants*).

Enfin, on pourra donc dire qu'après une très longue gestation de 203 ans, la R.D. Congo va donner naissance au Barrage Inga 3 (première phase du Projet de Barrage Grand Inga) en 2020, un grand barrage qui va générer suffisamment d'énergie électrique pour l'industrialisation de notre pays et de l'Afrique et qui va soutenir la lutte contre le réchauffement climatique.

Fig. I.8. Son Excellence Félix-Antoine Tshisekedi Tshilombo Président de la R.D. Congo et Chef de l'État, annonce le début des travaux du barrage Inga 3, première phase du Barrage Grand Inga, 2019.

Novembre 2019 : Une nouvelle offre est faite au Gouvernement congolais par un nouveau consortium chinois, le *State Power Investment Corp* (SPIC) et le Fond *Global Infrastructure Partners*. Cette offre est innovante, elle intègre à la fois le financement, la construction, l'exploitation des projets Inga 3 et 4 et la commercialisation de l'électricité produite. Cette nouvelle offre dite « approche intégratrice Hydro-aluminium » propose de produire graduellement 2 x 11000 MW pour un coût total de 17 milliards $US. Ce consortium propose d'utiliser localement 10 GW d'électricité pour produire de l'aluminium électrolytique dans une usine à construire dans le Kongo Central. Le reste de la production sera vendu à l'Afrique du Sud, aux Miniers du Katanga, à l'Angola et à la SNEL. Parallèlement, le consortium construira une cité moderne pour les populations autochtones.

59

Tableau : Projet Inga 3 : Version 2018
Source : Adapté de *Congo Research Group & Resource Matters*, 2019.

Aspects techniques de la Centrale Inga 3 :	Description
Capacité installée	10 GW (5 GW pour la RSA, 3 GW pour la RDC, 2 GW pour les autres pays)
Turbines	13 turbines Francis de 850 MW
Énergie annuelle produite	88,65 Twh (ce qui ferait d'Inga 3 le troisième producteur mondial d'hydroélectricité après le «Trois Gorges» en Chine avec 100 Twh et Itaipu au Brésil/Paraguay avec 96,6 Twh)
Localisation du barrage	Entre Kianda et Fwamalo
Hauteur du niveau d'eau au barrage	Entre 190 m et 205 m
Aspects financiers :	
Investissement requis pour la production (hors évacuation et transport de l'électricité)	10,467 milliards $US (Investissement matériel, exclus les frais financiers) 13,9 milliards $US (Utilisation totale des fonds)
Prix plancher du kWh (décembre 2017)	0,03$US/kWh au poste d'Inga (hors taxes et frais de transport) Ce prix sera revu à la hausse par le *Groupement chinois d'Inga 3* : 0,2515 $US/kWh
Taux de rendement interne	19%
Période d'amortissement du projet	18 ans
Coût moyen de la dette à porter par la société de projet	6,40%
Rapport dette/Fonds propres	80/20
Accord de développement exclusif à la suite duquel la phase de développement débutera	Exécution des travaux préparatoires par le gouvernement : renforcement du port de Matadi et de la route Matadi-Inga - Construction du port en eau profonde à Banana - Réalisation des travaux complémentaires par le consortium conjoint : études techniques, études sociales et environnementales, négociation des contrats d'achat d'électricité, négotiation de la convention de concession avec l'État et mobilisation des fonds.
Temps requis pour le bouclage financier	18 mois
Phase de construction (après closing financier)	Temps requis pour la construction : 64 mois (mise en service de la première turbine) + 24 mois (finalisation).

Décembre 2019 (le 18) : Une rencontre entre la R.D. Congo et la BAD est organisée à Abidjan (Côte-d'Ivoire) afin de « *discuter* » du Projet de développement du site hydroélectrique d'Inga. Cette rencontre fait suite aux échanges entre la BAD et la R.D. Congo lors du Forum de l'investissement en Afrique le 11 novembre 2019 à Johannesburg (R.S.A.). Il s'agit d'examiner les options possibles de développement du Projet Inga 3.

Mars 2020 : Un atelier de deux jours (**du 9 au 10 mars**) a été organisé à l'Hôtel Fleuve Congo à Kinshasa, il réunissait les Experts de la BAD et ceux du gouvernement congolais représenté par Son Excellence Monsieur Eustache Muhanzi Mubembe, Ministre d'État, Ministre des Ressources Hydrauliques et Électricité, qu'accompagnaient le Conseiller Spécial du Chef de l'État chargé des Investissements, Monsieur Jean-Claude Kabongo, le Chargé des missions de l'ADPI, Monsieur Bruno Kapandji Kalala et le Directeur Général de la Société Nationale d'Électricité, Monsieur Jean-Bosco Kayombo. L'un des auteurs de ce livre a assisté à cet atelier. Deux Experts congolais (l'un de l'ADPI et l'autre du bureau du Conseiller Spécial chargé des Investissements) ont fait deux brillantes présentations. Le premier a produit l'état des lieux du Projet Inga 3 en montrant les étapes achevées et les étapes qui restaient à réaliser moyennant un nouveau financement (de la BAD ?). Le deuxième a résumé le projet présenté ci-dessus en novembre 2019 et mis en évidence le problème des clients futurs consommateurs de l'électricité qui sera produite par le Barrage Inga 3. Pour nous, il est apparu clairement que nous avons été en présence de deux camps : celui de ceux favorables à compléter les études de faisabilité sur trois ans (ou plus) et celui de ceux qui pensaient que l'on ne pouvait pas aller au-delà de deux ans vue les attentes de la Présidence de la République. Nous y avons vu une enième tentative de retarder le début des travaux de construction d'Inga 3, donc le retardement de la mise en valeur du site d'Inga. C'est à cette occasion que nous avons distribué la première édition de ce livre en insistant au cours de cinq minutes de parole nous accordées sur le fait qu'il nous appartenait (nous Experts congolais présents à cet atelier) de fixer la durée des travaux, aux développeurs et aux bailleurs des fonds de s'y conformer en augmentant les effectifs des ingénieurs et autre personnel impliqués sur le chantier. Le Chef de la délégation de la BAD a été ouvert à cette proposition.

Mars 2020 : Ayant étudié toutes les tergiversations précédentes, une équipe de cinq compatriotes (Équipe A. Vangu[4]), animés d'un fort sentiment patriotique, ont rédigé un projet en deux volets plus intéressant que toutes les versions existantes :

- un **volet énergétique** comprenant la construction de toutes les phases (3 à 8) du Barrage Grand Inga et de huit usines de transformation des minerais stratégiques en produits finis (Fig. I.9), notamment le diamant, le manganèse, l'or, le coltan, le cobalt, le cuivre, le lithium, le fer, l'aluminium, l'uranium, etc. Chaque usine de transformation ne sera pas nécessairement installée dans la zone d'extraction du minerais afin de créer une certaine interdépendance interprovinciale indispensable à la cohésion nationale et à la promotion du marché intérieur ;

- un **volet autoroutier-TGV** aussi consommateur d'une partie de l'énergie qui sera produite par le Grand Barrage d'Inga (Fig. I.10).

Les villes suivantes ont été proposées pour devenir des gares à TGV à construire (Fig. I.10) :

01. **Banana** : Gare servant la région touristique de l'Océan Atlantique et Futur port en eau profonde;

02. **Cité de l'Énergie d'Inga** : La nouvelle cité de l'Énergie d'Inga à construire pour recevoir les populations délocalisées suite à la construction du Barrage Grand Inga (Phases 3 à 8);

03. **Kinshasa** : Capitale de la R.D. Congo, Grande gare de train de la SNCC;

---

[4] L'Équipe A. Vangu est composée de : Professeur Sinaseli Tshibwabwa (Chef d'équipe), Anicet Vangu (Citoyen Allemand d'origine congolaise, membre actif du Parti politique **CDU** au pouvoir en Allemagne, Facilitateur), Jean-Jacques Ndiadia Kabongo, Dr Kongolo Mbuyi et Afonso Massanga. Tous membres ou sympathisants de l'UDPS, Parti politique au pouvoir en R.D. Congo.

04. **Kikwit** : Centre urbain;

05. **Tshikapa** : Centre urbain de l'exploitation du diamant;

06. **Kananga** : Chef-lieu de province, Gare de train de la SNCC sur la ligne Sakania-Lubumbashi-Ilebo;

07. **Mbuji-Mayi** : Chef-lieu de province, Centre d'extraction du diamant;

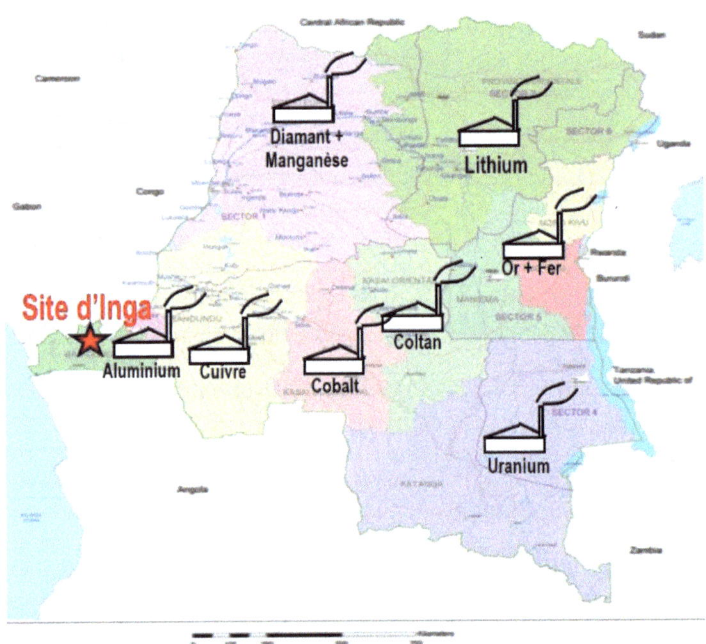

Fig. I.9. Emplacement des usines de transformation des minerais en produits finis et consommatrices de l'énergie qui sera produite par le Barrage Grand Inga. Source : Carte empruntée à l'Équipe A. Vangu *et al.*, 2020.

08. **Kolwezi** : Ville minière, grandes entreprises d'extraction minière, principalement du cuivre et du cobalt, Gare de train de la SNCC sur la ligne Sakania-Lubumbashi-Dilolo;

09. **Lubumbashi** : Surnommée Capitale du cuivre, deuxième grande ville du pays, des grandes entreprises d'extraction minière, principalement du cuivre, du cobalt, de l'uranium, Grande gare de train de la SNCC; etc.;

10. **Kasumbalesa** : Centre urbain, Port douanier en grand développement.

En ce qui concerne les gares autoroutières, les sites suivants ont été proposés (Fig. I.11**)**:

01. **Banana** : Gare servant la région touristique de l'Océan Atlantique et Futur port en eau profonde;

02. **Moanda** : Ville ouverte sur l'Océan Atlantique, Exploitation pétrolière;

03. **Boma** : Centre urbain et Port sur le Fleuve Congo, Gare de train sur la ligne Kinshasa-Tshela;

Fig. I.10 : Tracé du Projet TGV Banana-Kasumbalesa
Source : Carte empruntée à l'Équipe A. Vangu *et al.*, 2020.

04. **Cité de l'Énergie d'Inga** : La nouvelle cité de l'Énergie d'Inga est à construire pour recevoir les populations délocalisées suite à la

construction du Barrage Grand Inga (Phases 3 à 8, voir le Projet de Barrage Grand Inga présenté précédemment);

05. **Matadi** : Ville historique et Port sur le Fleuve Congo, Gare de train de la ligne Kinshasa-Tshela;

06. **Mbanza-Ngungu** : Centre urbain, Développement agricole, Gare de train de la ligne Kinshasa-Tshela;

07. **Kinshasa** : Capitale de la R.D. Congo, Gare de train de la ligne Kinshasa-Tshela;

08. **Kenge** : Centre urbain (Exploitation forestière, développement agricole);

09. **Masi-Manimba** : Centre urbain (Exploitation forestière, développement agricole);

10. **Kikwit** : Centre urbain (Exploitation forestière, développement agricole);

11. **Ilebo** : Centre urbain et port sur la rivière Kasaï; Gare de train (Terminus) de la SNCC sur la ligne Sakania-Lubumbashi-Ilebo

12. **Tshikapa** : Grand centre urbain de l'exploitation du diamant;

13. **Kananga** : Chef-lieu de province, Gare de train de la SNCC sur la ligne Sakania-Lubumbashi-Ilebo;

14. **Mbuji-Mayi** : Chef-lieu de province, Mines d'extraction du diamant;

15. **Kabinda** : Centre urbain, Développement agricole;

16. **Ngandajika** : Centre urbain, Développement agricole;

17. **Mwene-Ditu** : Centre urbain, Gare de train de la SNCC sur la ligne Sakania-Lubumbashi-Ilebo, Développement agricole;

18. **Kamina** : Centre urbain, Gare de train de la SNCC sur la ligne Sakania-Lubumbashi-Kabalo, Base militaire, Développement agricole;

19. **Bukama** : Centre urbain, Gare de train de la SNCC sur la ligne Sakania-Lubumbashi-Ilebo et Lubumbashi-Kabalo, Développement agricole et Pêche;

20. **Lubudi** : Centre urbain, Gare de train de la SNCC sur la ligne Sakania-Lubumbashi-Ilebo et Lubumbashi-Kabalo, Développement agricole et Pêche;

21. **Kolwezi** : Ville minière, grandes entreprises d'extraction minière, principalement du cuivre et du cobalt, Gare de train de la SNCC sur la ligne Sakania-Lubumbashi-Dilolo;

22. **Likasi** : Ville minière, grandes entreprises d'extraction minière et industrie chimique, Gare de train de la SNCC sur la ligne Sakania-Lubumbashi-Dilolo et Lubumbashi-Ilebo;

23. **Lubumbashi** : surnommée Capitale du cuivre, deuxième grande ville du pays, des grandes entreprises d'extraction minière, principalement du cuivre, du cobalt, de l'uranium, Grande gare de train de la SNCC;

24. **Kasumbalesa** : Centre urbain, port douanier en grand développement.

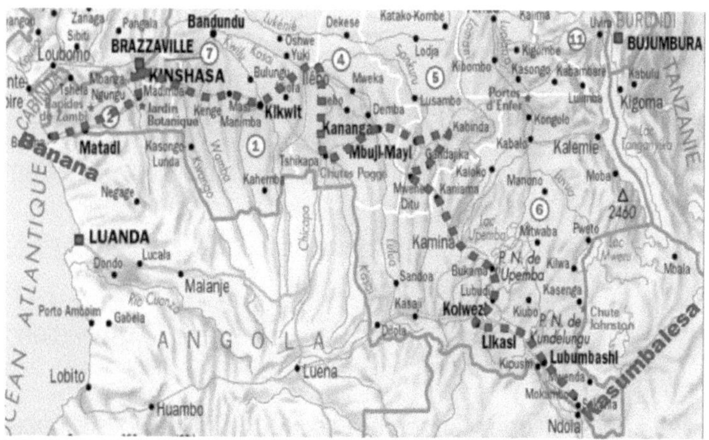

Fig. I.11. Tracé du Projet Autoroute Banana – Kasumbalesa en ligne rouge pointillée, ± 3200 km. Source : Carte empruntée à l'Équipe A. Vangu et al., 2020

Tel que présentés, ces projets seront les principaux consommateurs de l'énergie qui sera produite par Grand Inga. Finis les soucis de chercher ou de supplier les éventuels clients consommateurs étrangers. L'impact de ces derniers sur le développement du Projet de Barrage Grand Inga est quasi nul, la R.D. Congo se gardant la liberté de fournir de l'énergie électrique dans le respect des accords antérieurement signés avec les pays qui en avaient manifesté de l'intérêt notamment la R.S.A. et l'Angola.

Contrairement à certains compatriotes « coureurs des commissions sur les projets », l'Équipe A. Vangu, animée par le souci d'accompagner la vision du Chef de l'État pour le développement de notre pays, avait non seulement rédigé ces projets, mais elle avait en plus pris des contacts utiles avec le gouvernement d'un pays ami disposé à financer tous les projets à hauteur de 75 milliards de dollars US (montant suggéré par l'Équipe A. Vangu, susceptible d'être revu à la hausse par le gouvernement congolais), répartis de la manière suivante : 60 milliards de $US pour le volet Énergie + usines de transformation des minerais en produits finis et 15 milliards de $US pour le volet Autoroute+TGV. L'Équipe A. Vangu avait également fait ressortir les avantages pour le gouvernement congolais de finaliser ces projets dont en voici quelques uns ci-dessous :

- La Présidence de la R.D. Congo va traiter directement avec le gouvernement du pays ami disposé à les financer et non pas avec des individus ou groupes d'individus. Ce qui offre plus de garanties et d'assurance pour ces mégaprojets. En effet, les accords seront d'État à État, le gouvernement du pays ami proposera leurs entreprises afin de garantir l'exécution des travaux ;

- Selon les services de ce gouvernement, il appartiendra au Gouvernement congolais de fixer :

a)- *la hauteur du financement* *pour construire toutes les phases du Grand Barrage d'Inga et les infrastructures connexes notamment une nouvelle cité et une nouvelle université à Inga et des usines de transformation des minerais stratégiques en produits finis;*

*b) - **la durée des travaux** : le Gouvernement du pays ami va s'adapter aux exigences du Gouvernement congolais et ne tirera pas en longueur les négociations comme c'est le cas présentement avec les groupes en lice;*

- Le taux d'intérêt du financement sera de loin très bas avec le Gouvernement du pays ami par rapport à celui proposé généralement par les groupes autonomes;

- La formation de la main-d'œuvre, des techniciens et ingénieurs sera assurée afin de transférer les compétences, l'expertise et la technologie aux Congolais. Ces projets créeront des milliers d'emplois dans toutes nos provinces. Donc, une grande visibilité sur le plan politique;

- Ce sont les services du Gouvernement du pays ami qui nous ont proposé leur propre modèle de fiches de demande de financement; ils ont aussi fait la traduction des textes de projets dans leur langue; ils n'attendent que la signature officielle de la Présidence de la République Démocratique du Congo. Ce qui montre leur grand intérêt;

- Sur le plan géopolitique, les poids politique et économique de ce pays ami dans les affaires du monde seraient un atout majeur pour notre pays à cause des bénéfices partagés;

- Les groupes autonomes de développeurs, tous coureurs de marchés juteux, qui se sont succédé dans le projet Grand Inga ont chaque fois « **retardé** » le début des travaux (BHP-Billiton, ACS, BM,...*Cfr* Chapitre 5. Enjeux cachés des Activistes-Opposants à Grand Inga).

Septembre 2020 (le mercredi 16 septembre) : Son Excellence Monsieur le Président de la République et Chef de l'État, Félix-Antoine Tshisekedi Tshilombo, reçoit au Palais de la Nation une délégation de la compagnie minière australienne Fortescue Metal Group (FMG), conduite par son Président-Fondateur, Monsieur Andrew Forest. Cette délégation est venue lui soumettre un projet d'investissement de Fortescue Metal Group dans le Projet de Barrage Grand Inga (Phases 3 à 8). Elle propose aussi de construire une usine de production de l'Hydrogène. L'accord est signé en présence du Chef de l'État entre FMG représenté par son Président-Fondateur et le gouvernement congolais représenté par le Premier Ministre Sylvestre Ilunga Ilunkamba et la Ministre du Plan, Madame Elysée Munembwe.

Février 2021 (le 17) : nous apprenons dans un article de *Congovirtuel.com* (un magazine en ligne) intitulé « *Guerre des Conseillers autour de Félix Tshisekedi sur le Projet Grand Inga : Nicolas Kazadi, Alexy Kayembe de Bampende et Jean-Claude Kabongo* ». En analystes avertis, et selon le dicton « *un chat échaudé craint l'eau froide* », en d'autres termes, « *quand on a déjà été victime d'un cas, on doit être plus prudent, voire trop sur ses gardes face à un danger du même type* » (*Cfr* Chapitre 5. Enjeux cachés des Activistes-Opposants à Grand Inga), les membres de notre équipe ont fait les observations suivantes sur le groupe australien « Fortescue Metals Group (FMG) »:

- ce groupe n'a pas d'expertise dans le domaine de construction de grands barrages hydroélectriques, son domaine d'expertise connu mondialement est l'exploitation minière (*Cfr.* Lire ses activités sur son site en ligne) ;

- ce groupe est représenté au pays par un Sud-Africain. Le dossier du fiasco à 80 millions de \$US impliquant certains Congolais et la société sud-africaine « *Africom Commodities* » dans l'affaire du domaine agro-industriel de Bukanga Lonzo est encore pendant à l'IGF et trop frais dans la mémoire des Congolais. Ce fait à lui seul devrait pousser les Officiels congolais à plus de prudence, voire défiance, à l'égard de cette offre;

- FMG seul ne pourrait garantir la viabilité du projet, sa modeste capacité de mobiliser les capitaux pour financer ce projet est une autre raison de s'en méfier. En effet, ce groupe proposerait **6 milliards de \$US** là où le groupe chinois concurrent actuel, le *State Power Investment Corp* (SPIC) et *Global Infrastructure Partners,* avait proposé en novembre 2019 pour le même travail **17 milliards de \$US !** À la lumière du récent historique du Grand Inga (*Cfr* Chapitre 1), pourrait-on émettre un doute raisonnable ?

- Enfin, FMG propose de construire une seule infrastructure connexe (l'usine de production d'Hydrogène, encore un autre domaine où il n'a pas d'expertise) alors que le projet de l'Équipe A. Vangu décrit ci-dessus propose de construire plusieurs usines de transformation de minerais stratégiques en produits finis dans son Volet énergétique.

- Quant au consortium sino-espagnol, on ne devrait plus continuer à traiter avec lui à cause du comportement atypique d'un autre groupe espagnol, ACS, qui, malgré le contrat d'exclusivité signé avec le Gouvernement de la R.D. Congo, avait quitté leur consortium « **retardant** » ainsi le début des travaux, exactement comme l'avaient fait BHP-Billiton en 2012, la BM en 2016 avec la suspension de son financement qui avait beaucoup handicapé le fonctionnement de l'ADPI, etc.

1.5. Références bibliographiques

[1] **Programme pour le Développement des Infrastructures en Afrique** (PIDA) : Interconnecter, intégrer et transformer un continent. *In* http://www.afdb.org/fileadmin/uploads/afdb/ Documents/Project-and-Operations/PIDA.

[2] **Kapandji Kalala, B.,** 2014. Inga 3 au service de l'Afrique : Défis et Perspectives. Présentation à la 2e édition de la Conférence minière de la RDC à Goma. 21 diapositives.

[3] **Tshibwabwa, S.M.** and **G.G. Teugels**, 1995.-Contribution to the systematic revision of the African Cyprinid genus *Labeo* (Teleostei, Cyprinidae) – species from the Lower Zaire river system. *Journal of Natural History, London,* **29**: 1543 – 1579.

[4] **Tshibwabwa, S.M., M.L.J. Stiassny** and **R.C. Schelly**, 2006. Description of a new species of *Labeo* (Teleostei : Cyprinidae) from the lower Congo River. *Zootaxa,* **1214:** 33-44.

[5] **Asanzi, Ange,** 2014. What future for Inga 3 affected communities?

In http://www.internationalrivers.org/blogs/337 (Thu, 07/31/2014). Ange Asanzi est originaire du Bas-Congo, elle est « *Africa Program Assistant* » chez *International Rivers*.

[6] **International Rivers,** 23 Dec. 2013. *Civil society letter calling on US not to support Inga 3 Dam* [7] Nzakimuena, T.J. *et al.,* 2013. *Hydroelectric development schemes of the Inga site (Democratic Republic of the Congo). ICOLD-2013. International Symposium,* Seattle USA; 17 p.

[8] ***Narrative of an Expedition to explore the River Zaire, usually called the Congo,** in South Africa in 1816, under the direction of Captain J. K. Tuckey, R. N. – To which is added the Journal of Professor Smith, some general observations on the country and its inhabitants, and an Appendix containing the natural history of that part of the Kingdom of Congo through which the*

Zaire flows. Published by permission of the Lords Commissionners of the Admiralty, London, John Murray, Albemarle Street, 1818.

9 **Wauters, A.J.,** 1885. Le Congo au point de vue économique. Bibliothèque géographique. Institut National de Géographie, Bruxelles.

10 **Stanley, H. M.,** 1886. Cinq années au Congo, 1879-1884. *Voyages-Exploration-Fondations de l'État libre du Congo.* Institut National de Géographie, Bruxelles, 2º éd.

11 **Valcke (Lt),** 1886.- Description de la région des cataractes de Vivi à Isangila. Société belge des Ingénieurs et Industriels. *Conférences sur le Congo, 2ºfasc,* Bruxelles.

12 **Droogmans, H.,** 1900. Feuilles 1 à 15 de la carte du Bas-Congo à l'échelle du 100.000ᵉ. Secrétariat de l'E.I.C., Bruxelles.

13 **Hochschild Adam,** 1999. Les fantômes du roi Léopold. Un holocauste oublié. Éd. Belfond

14 **Defauwes Georges** (*sd*). Albert Thys, de Dalhem au Congo. « Les facettes méconnues d'un personnage d'exception ». Collection Comté de Dalhem « Choses, gens et sites de chez nous », Belgique.

15 **Westminster** : (Rapport conservé à la Bibliothèque du Ministère des Colonies, à Bruxelles, sous le nº 12.261).

16 **Van Deuren, P.** ; 1925. Projet de mise en valeur intégrale du Fleuve Congo dans la région des cataractes (Rapport polycopié, octobre 1925).

17 **Van Deuren, P.,** 1928. Projet d'aménagement du Bas-Congo. Edition de l'Association des Ingénieurs de l'École royale militaire d'application de l'Artillerie et du Génie, Bruxelles, 300 p.

18 **La solution des transports** et la force hydroélectrique dans le Bas-Congo (Congo, avril 1926, pp. 631 à 656).

[19] **Campus, F.,** 1958. L'aménagement hydroélectrique du Fleuve Congo à Inga. Académie royale des sciences coloniales. Classe des sciences techniques. *Mémoires in-8°, nouv. sér., t. 6, fasc. 6.* Bruxelles).

[20] **Syneba**, 1932. Captage des forces hydrauliques dans le Bas-Congo. Rapport du Comité d'administration du Syneba, suivi du Rapport technique par MM. Grunier, H. E., et De Rham, P. (Bruxelles, avril 1932).

[21] **Ministère des Colonies : Chambres Législatives de Belgique** – Questions et Réponses, Session ordinaire de 1955-1956, p. 331.

[22] **Geulette, P.,** 1955. Considérations sur l'aménagement hydroélectrique du Fleuve Congo à Inga. *Mém. in-8°, A. R. S. C, Cl. Sc. techn., Nouv. Sér., T. II, fasc. 3*, Bruxelles.

[23] **De Keyser, W. L. et De Magnée, L.,** 1956. Possibilités d'emploi de l'énergie hydroélectrique du Bas-Congo. *Mém. in-8°, A. R. S. C, Cl. Sc. techn., Nouv. Sér., T. IV, fasc. 2*, Bruxelles.

[24] **Pirenne, J.-H.,** 1957. Histoire du site d'Inga. *Académie royale des Sciences coloniales. Classe des Sciences Techniques. Mém. in-8°. A. R. S. C, Cl. Sc. techn., Nouv. Sér., T. VI, fasc. 3*, Bruxelles. (Docteur en Philosophie et Lettres, Administrateur du Syndicat pour le Développement et l'Électrification du Bas-Congo).

[25] **Nzakimuena, T.J.**, 2013. Présentation du rapport de l'étude de faisabilité du projet du barrage Grand Inga. Étude de développement du site hydroélectrique d'Inga et des interconnexions associées. Atelier technique international de présentation du rapport de faisabilité. Kinshasa, 20-21 septembre 2013.

[26] **Campus, F.**, 1958 ; (Cfr [19]).

[27] **http://www.agenceecofin.com**/inga/2509-1421-inga-la-solution-pour-eclairer-enfin-l-afrique.

[28] **Misser, F.,** 2015. Inga : Ambition nécessaire mais projet à mûrir. *Conjonctures Congolaises 2015,* **164.**

[29] **Décret n°13/019** du 6 juin 2013 portant création, organisation et fonctionnement de la Commission interministérielle pour la construction de la centrale hydroélectrique Inga III dans la province du Bas-Congo ; Décret n° 15/008 du 15 avril 2015. Selon l'article 5 du second décret, les membres de la Commission interministérielle sont le Premier ministre, le membre du gouvernement qui préside la Commission interministérielle permanente en charge des questions économiques, les ministres ayant dans leurs attributions le budget, l'économie, l'électricité, l'environnement, les finances, les infrastructures, le plan, et un représentant du cabinet du Président de la République. Le Premier ministre a par ailleurs la possibilité de convier d'autres ministres ou toute autre personne à prendre part aux travaux de la Commission.

[30] **Arrêté ministériel n° CAB/MIN/RHE/011/2013** du 29 mars 2013 portant création, organisation et fonctionnement de la Cellule de gestion des projets du site d'Inga au sein du Ministère des Ressources hydrauliques et Électricité, en sigle « CGI3 ». *Journal officiel* du 15 mars 2014, 121-122.

[31] **Arrêté ministériel n° CAB/MIN/RHE/032/2013** du 23 juillet 2013 portant création, organisation et fonctionnement du Comité de Facilitation des projets d'Inga, en sigle « CFI » dans la province du Bas-Congo. *Journal officiel* du 15 mai 2014, 60-62.

[32] **Congo Research Group et Resource Matters**, Octobre 2019. Inga III : Un projet gardé dans l'ombre. Comment le contrat du plus gros site hydroélectrique au monde se négocie à huis clos. 33 p.

[33] **http://acpcongo.com/acp/ordonnance-n-15-079**-du-13-octobre-2015.

³⁴ **Communiqué de presse du 13 juin 2017**. Cabinet de la Présidence de la République/Agence pour le Développement et la Promotion d'Inga.- *Projet Inga 3 : Les deux consortiums en lice invités à soumettre une offre conjointe.*

³⁵ **Son Excellence Félix-Antoine Tshisekedi Tshilombo** : Discours sur l'état de la Nation prononcé le vendredi, 13 décembre 2019 devant le Congrès au Palais du Peuple à Kinshasa.

CHAPITRE II
INVENTAIRE, ANALYSE ET RÉFUTATION DES ARGUMENTS DES ACTIVISTES-OPPOSANTS AU PROJET DE BARRAGE GRAND INGA

« Il faut mettre dans la balance les impacts de ces ouvrages (barrages) avec les bénéfices qu'ils apportent, notamment en matière de production d'énergie...Des compromis peuvent souvent être trouvés entre l'exploitation et la protection de l'environnement et des communautés locales »
Igr Anton Schleiss, Président de la Commission Internationale des Grands Barrages (Janvier 2016).

2.1. Introduction

Le premier chapitre de cet ouvrage a porté sur l'importante épopée du site d'Inga de sa révélation au monde occidental en 1816 jusqu'au Projet de Barrage Grand Inga et son évolution en 2019. Toutes les pesanteurs à la mise en valeur de tout le site d'Inga semblent avoir été balayées par le nouveau leadership à la tête de la R.D. Congo. En effet,

- les besoins en énergie propre pour sa population et son industrialisation,

- la lutte contre la déforestation massive observée à travers tout le pays et ses conséquences sur les bassins-versants et le climat,

- la lutte contre la pollution due au charbon et au bois de chauffe, ses conséquences sur la santé humaine et son influence sur les GES (changement climatique),

- le changement de paradigmes au niveau mondial (paradigme biocentrique versus paradigme anthropocentrique),

- lutte contre la pauvreté et la vision clairement déclarée de la nouvelle direction du pays d'améliorer les conditions de vie de la

population (Le Peuple d'abord), etc. Voilà autant d'éléments qui plaident, comme nous allons le démontrer, pour une décision politique volontariste pour le financement de la construction du Barrage Inga 3, première phase du Projet de Barrage Grand Inga.

C'est pourquoi le chapitre 2 de cet ouvrage est des plus importants. Il fait l'inventaire des arguments de ces activistes-opposants, les analyse, puis les réfute méthodiquement avec des arguments scientifiques afin de mettre en évidence les véritables enjeux cachés qui sont derrière l'opposition à la réalisation du Projet de Barrage Grand Inga.

2.2. Énergie électrique et Développement

Les bienfaits de l'énergie électrique dans toutes les sociétés modernes ne sont plus à démontrer. Il ne faut pas être un expert dans ce domaine pour établir l'étroite corrélation qui existe entre le développement des sociétés et l'accès à l'énergie électrique. En d'autres termes, la pauvreté est inextricablement liée au manque d'accès à l'énergie électrique. Il suffit de jeter un regard autour de soi et lire les différents rapports du PNUD[1,2,3] sur ce sujet pour s'en rendre compte.

L'Afrique demeure pauvre bien qu'elle soit depuis plus d'un siècle pourvoyeuse en matières premières de toutes sortes. Pour mettre fin à cette pauvreté, la BAD a proposé pour l'Afrique une stratégie en cinq axes majeurs : « *1. Éclairer l'Afrique ; 2. Nourrir l'Afrique ; 3. Industrialiser l'Afrique ; 4. Intégrer l'Afrique et 5. Améliorer le bien-être des ménages africains* ». Cette stratégie en cinq axes a été dévoilée lors de la 10e Conférence Économique Africaine tenue à Kinshasa du 02 au 04 novembre 2015 sous le thème : « *Lutter contre la pauvreté et les inégalités dans le cadre de l'Agenda 2015* »[4]. Cette conférence économique était une suite logique de la matérialisation des décisions prises à la 12e Assemblée des Chefs d'État et de Gouvernement dont celle de formuler le « *Programme pour le Développement des Infrastructures en Afrique* (en sigle PIDA) ». Ce programme, lancé en juillet 2010 à Kampala (Ouganda), a été réalisé par la Commission de l'Union Africaine en partenariat avec la Commission Économique pour l'Afrique, la BAD et l'Agence de planification et de coordination du NEPAD[5]. PIDA (relais du NEPAD) a reçu pour mandat de fusionner toutes les initiatives continentales portant sur les infrastructures définies en quatre secteurs clés : *Énergie, Transport, TIC et Eau*. Ses objectifs sont : *interconnecter, intégrer et transformer le continent africain*. En ce qui concerne le secteur de l'énergie, les experts du PIDA pensent que d'ici à 2040, la demande d'énergie électrique passerait de 590 térawatts-heure (TWh) en 2010 à plus de 3100 TWh en 2040, ce qui correspond à un taux de croissance annuelle moyen proche de 6 %. Signalons qu'un tel taux de croissance est déjà atteint et même dépassé dans certains pays africains[6]. Pour y faire face, la capacité de production électrique installée devra passer du niveau actuel de 125 gigawatts (125 GW) à près de 700 GW en 2040.

En outre, selon l'initiative « *Sustainable Energy for All* (SE4ALL) » lancée par l'ONU en septembre 2011, « **l'accès à l'énergie pour tous** » est un prérequis pour atteindre chacun des Objectifs du Millénaire pour le Développement (OMD)[7]. Enfin, pour la R.D. Congo, il est impératif de faire face à sa situation paradoxale marquée par l'importance du potentiel en ressources énergétiques et la faiblesse du niveau d'accès à l'électricité[8].

Chacun de ces défis ne peut être relevé sans énergie**, *et beaucoup d'énergie***, que seul le barrage Grand Inga peut fournir à la R.D. Congo et à toute l'Afrique ***à moindre coût et avec le moindre impact socio-environnemental que d'autres filières*** proposées par les activistes-opposants à ce projet. Partant de ces éléments, on pourrait se demander à quelle logique répond l'opposition au projet de production d'une énergie propre et renouvelable sur le site d'Inga. Quels sont les arguments avancés par ce groupe hétéroclite d'activistes anti-Projet Grand Inga ?

2.3. Inventaire des arguments avancés par les activistes anti-Projet Grand Inga

Afin de les rendre compréhensibles et accessibles à tous, nous les avons regroupés en neuf principales catégories, à savoir :

- *Arguments géopolitiques et Promotion d'une idéologie ;*

- *Grande faiblesse de la gouvernance et Insécurité ;*

- *Destruction de l'écosystème fluvial ;*

- *Destruction de l'écosystème terrestre ;*

- *Production des GES et le changement climatique ;*

- *Déplacement des communautés locales ;*

- *Santé Publique ;*

- *Corruption et Endettement du pays ;*

- *Solutions de rechange au Grand Inga.*

Notre analyse nous a conduits à démontrer que la majorité de ces arguments, au lieu d'être purement scientifiques ou tout simplement objectifs, véhiculent plutôt une idéologie et sont de nature à porter atteinte à l'intégrité territoriale et à la souveraineté de la R.D. Congo. Ce qui, à notre humble avis, les discrédite totalement. Certains arguments sont totalement erronés, ne correspondant à aucune réalité de terrain sur le site d'Inga, car relevant tout simplement d'une virulente campagne de désinformation massive. Certains autres sont tirés des études effectuées sur d'autres continents, extraits de leur contexte originel et appliqués au site d'Inga sans aucune réévaluation in situ. D'où le doute raisonnable qu'ils suscitent auprès des Congolais qui suivent ce dossier. Enfin, d'autres arguments, bien que fondés, sont intentionnellement exagérés face aux énormes bénéfices que les populations autochtones de la région d'Inga, toutes les populations de la R.D. Congo et de l'Afrique entière pourraient tirer de la mise en valeur de ce gigantesque potentiel énergétique. Étant donné l'ampleur du sujet, nous présentons brièvement ci-dessous l'analyse de quatre premières catégories d'arguments. Les personnes et acteurs intéressés pourront consulter les nombreuses références que nous y fournissons pour un complément d'informations. Les cinq autres catégories restantes seront traitées dans les chapitres 3 et 4.

2.3.1. Argument géopolitique et Promotion d'une idéologie

Les partisans de cet argument soutiennent qu'il ne faut pas investir dans le barrage Grand Inga afin de ne pas faire de la R.D. Congo une puissance régionale et africaine. L'Ouest du Congo ne doit pas devenir un moteur du développement. En effet, avec les centrales hydroélectriques d'Inga, la R.D. Congo deviendrait automatiquement un acteur majeur en matière d'énergie non seulement dans la région des Grands Lacs mais aussi de tout le continent (voire de l'Europe), elle pourrait ainsi fournir de l'énergie électrique à tous les cinq grands réseaux électriques régionaux africains[9,10] (Fig. II.1), à savoir :

- L'*Eastern Africa Power Pool* (EAPP) pour le Marché commun de l'Afrique orientale et australe (COMESA) ;

- Le *Central Africa Power Pool* (CAPP) pour la Commission économique des États de l'Afrique centrale (CEEAC – ECCAS) ;

- Le *Southern Africa Power Pool* (SAPP) pour la Communauté de développement d'Afrique australe (SADC) ;

- Le *West Africa Power Pool* (WAPP) pour la Communauté économique des États de l'Afrique de l'Ouest (CEDEAO – ECOWAS) ;

- Le *Comité Maghrébin de l'Électricité* (COMELEC) pour l'Union du Maghreb Arabe (UMA – AMU).

Investir dans la mise en valeur de tout le « **Trigone de la Puissance Énergétique de la R.D. Congo** » (c.-à-d. Grand Inga) favoriserait le développement des provinces congolaises dans des aires régionales distinctes (*entendez Est et Ouest*)[9]. Pour Léon et Porhel, l'émergence résultant de cette mise en valeur « *du secteur privé dont les motivations, essentiellement économiques, provoquerait du même coup une* *intégration par le bas. Dès lors, la partition de la R.D. Congo serait d'abord une réalité économique avant de devenir à terme une éventualité politique* »[11]. Si elle ne peut pas être isolément un facteur d'éclatement du pays, l'intégration par les réseaux électriques renforcerait les conséquences territoriales d'une dynamique économique centrifuge déjà à l'œuvre en R.D. Congo, qui viendrait s'ajouter au mouvement de décentralisation[9]. Cet argument va à l'encontre des attentes des Africains en général et des Congolais en particulier [4,5,8,10].

Certains auteurs sont même allés trop loin dans le but d'asseoir leur idéologie. En effet, selon Chontanawat, Hunt et Pierse (2008), l'idée selon laquelle un apport d'énergie aux pays en développement induit mécaniquement leur développement n'est pas vérifiée[12]. Quelle conclusion tirent-ils de ce genre d'études ? Seulement qu'il ne faut pas fournir beaucoup d'énergie aux pays non développés !

Dans son étude sur l'énergie et le développement, Quoilin (2008) conclut que le lien entre la consommation d'énergie et le produit national brut est significatif pour la plupart de pays (*entendez pays développés*), mais les études de causalité montrent qu'on ne peut pas systématiquement affirmer qu'un accès à l'énergie stimule la croissance économique. Cela est principalement vrai pour les pays en développement [13]. Rependre les conclusions de telles études semi-orientées, fondées sur un très faible échantillon semble soutenir les arguments employés depuis des siècles pour exclure les pays pauvres, dont la plupart des pays africains subsahariens, des sphères de la modernité et de les confiner au rôle de réservoirs de matières premières et de déversoir mondial[14].

Ce genre d'études rappelle les affirmations de certains philosophes occidentaux des siècles passés qui avaient développé des théories loufoques, à la base du racisme et sa laideur dont beaucoup de Noirs portent encore des stigmates aujourd'hui.

« *Une image vaut mieux que mille mots* », dit-on. Sur la figure II.2 ci-dessous, on note que le Continent Noir est celui qui est le plus dans le noir ! Il est très en retard par rapport aux autres continents en ce qui concerne l'accès à l'électricité. Ce retard est à mettre en relation avec l'extrême pauvreté des populations africaines. En R.D. Congo, par exemple, 70 % de la population vivent en dessous du seuil de pauvreté nationale, soit 49 000 000 de Congolais qui vivent dans une situation d'extrême pauvreté : très faible revenu (± 1 $US/mois), des besoins alimentaires très peu ou non satisfaits, une incapacité à accéder aux soins de santé, à la scolarisation, à une source d'énergie propre, au logement décent, aux voies de communication plus ou moins convenables et sécuritaires, etc.[15]

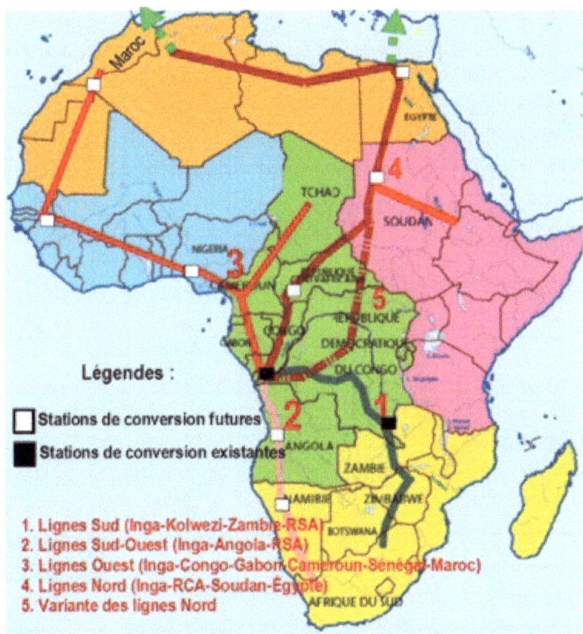

Fig. II.1.- Grands réseaux électriques régionaux africains.
Source : Carte adaptée de Bruno Kapandji Kalala, 2014[10]

Ceux qui font la campagne contre le Projet Grand Inga connaissent très bien cette réalité congolaise et africaine. Ce n'est pas le sort des populations qui les intéressent. Ils véhiculent plutôt une idéologie, celle de ***maintenir le continent noir dans le noir***, c.-à-d. dans la misère.

Certains Occidentaux continuent de nourrir le rêve de faire éclater la R.D. Congo, ignorant que les Congolais portent leur pays dans leur âme. De nombreux analystes congolais et étrangers ont suffisamment décrit ce projet de balkanisation de ce pays[16,17]. Il n'est pas nécessaire d'y revenir dans cet ouvrage. Cependant, nous voudrons attirer l'attention des Congolais sur le fait que ce projet n'a pas été abandonné par ceux qui l'avaient commandité, Américains, Britanniques et Français, etc. L'option de la guerre par procuration qui a occasionné la mort de plus de 7 millions de Congolais (selon diverses statistiques macabres) ayant échoué, leur plan B, déjà en action, consiste à déverser des capitaux au Rwanda, Burundi, Ouganda et dans les provinces de l'Est de la R.D. Congo afin de créer un pôle économique puissant, centrifuge et échappant à la fin au contrôle de Kinshasa. Ce qui est affirmé ci-dessus[11]. Tout observateur de la situation générale de la R.D. Congo a certainement relevé les points suivants qui confirment malheureusement que le plan B de balkanisation de ce pays est déjà en marche :

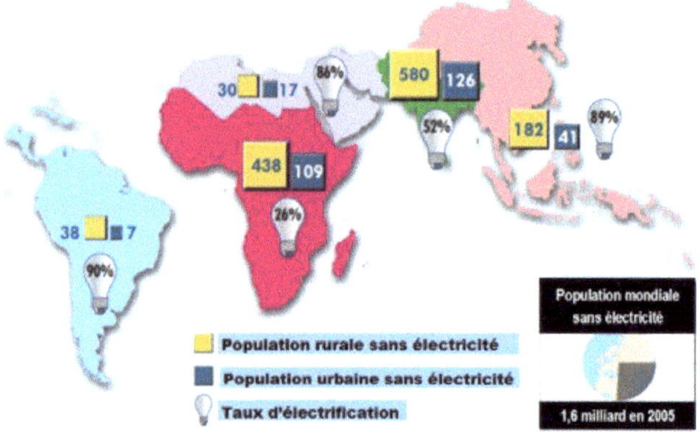

Fig. II.2.- Répartition géographique des populations n'ayant pas accès à l'électricité. Source : Carte adaptée de Quoilin, S., 2008[13].

- l'utilisation de nombreux médias pour relayer des informations générales, non vérifiées in situ sur le Projet Grand Inga (Cfr. les références qui accompagnent chaque catégorie d'arguments) ;

- le financement des études pseudo-scientifiques et des missions pour décourager les organismes bailleurs des fonds du Projet Grand Inga (voir Troisième argument ci-dessous) ;

- l'instrumentalisation des populations autochtones de la région d'Inga et certaines ONG congolaises et étrangères pour les amener à rejeter le projet de construction du barrage Grand Inga[18,19,20];

- l'ouverture à Goma des consulats américains et britanniques (qui sont en réalité des ambassades de la « Région des Grands Lacs », ce nouvel État que l'on veut créer de toutes pièces pour donner des terres au Rwanda et au Burundi)[21] ;

- le financement d'un nombre incalculable des ONG américaines, britanniques, belges, françaises, allemandes, suédoises, etc. dans l'Est du Congo (qui ont fini par fragiliser l'autorité de l'État) ;

- le silence complice de la communauté scientifique, malgré les nombreuses et prévisibles atteintes à l'environnement et à la biodiversité, sur le Projet Transaqua et le Projet Oubangui (Projets visant le transfert des eaux du bassin du Fleuve Congo au Lac Tchad);

- l'impact de ce transfert d'eaux sur les futures centrales d'Inga compromettra à jamais la mise en valeur de tout le potentiel énergétique du site d'Inga et sera plus nuisible à la biodiversité et à l'environnement en général que le Projet Grand Inga[22,23,24,25,26,27] ;

- le silence de la communauté scientifique et des ONG environnementalistes sur l'état de pollution des écosystèmes aquatiques et terrestres par les multinationales occidentales qui exploitent les différentes matières premières dans toutes les provinces de la R.D. Congo[28]. Signalons à ce chapitre le cas d'une grave pollution acide des eaux de la rivière Panda par la compagnie minière chinoise Kaï Peng Mining (KPM) à Likasi (Province du Katanga). Ces eaux polluées ont entraîné intoxication et brûlure d'une quarantaine de personnes selon les médias congolais du 20 février 2016[29] ; ce cas n'a soulevé l'indignation d'aucun membre de la communauté scientifique ni celle des ONG (environnementalistes) qui veulent faire croire dans les

médias occidentaux que l'environnement et les populations autochtones les tiennent à cœur;

- l'élaboration, le soutien et la mise en application avec l'aide des services spécialisés de l'ONU du projet de démembrement du territoire congolais en micro-provinces (ou décentralisation-découpage administratif) malgré le manque de préparation et l'absence de moyens suffisants en infrastructures, en personnel, en matériel et en budget ainsi que les critiques et le rejet de ce projet par les partis politiques de l'opposition et la majorité de la population congolaise[30,31] *;*

- la mise sous tutelle du pays (qui ne dit pas son nom) *par la présence de la plus importante mission de l'ONU au monde (Mission de l'Organisation des Nations Unies pour la Stabilisation en RD Congo, en sigle MONUSCO) avec près de dix-neuf agences spécialisées (programmes et fonds) hyperactives*[32] *et un nombre de casques bleus qui défie toute imagination (Cfr* Tableau 1).

Malgré cette présence remarquée, l'armée des Nations-Unies peine à vider l'Est et le Nord-Est du Congo de tous les groupuscules rebelles qui, tels des hydres, décapités au Sud-Kivu, renaissent deux années plus tard en Ituri, Beni ou Minembwe, rendant cette partie du pays très instable. Ce qui fait dire que cette zone de tension superficielle semble entretenue volontairement comme un moyen de pression et de chantage sur le gouvernement de Kinshasa, voire une stratégie macabre pour faire la démonstration de l'incapacité de ce gouvernement à assurer la sécurité des personnes et de leurs biens et de mener le pays vers sa balkanisation, etc. La grande agitation sur ce sujet en ce début du mois de janvier 2020 dans les médias et les réseaux sociaux suite aux victoires de la vaillante armée nationale montre que ce projet n'est pas abandonné par ses initiateurs et leurs complices dans le pays. Au moment où nous travaillons sur la troisième édition de ce livre, les populations de l'Est du pays exacerbées par les massacres, particulièrement celles de Beni, Butembo et Ituri, ont manifesté, en ce début du mois d'Avril 2021, leur mécontentement à l'endroit de la Monusco pour son incapacité à empêcher les violences dans leur territoire et ont exigé son départ du pays. Mme Bintou Keita (d'origine guinéenne, nommée le 14 Janvier 2020 en remplacement de l'Algérienne Leila Zerrougui), Représentante Spéciale du Secrétaire Général de l'ONU en R.D. Congo et Cheffe de la Monusco, a été obligée de faire une déclaration à la presse tant nationale qu'internationale à Kinshasa le 07 Avril 2021, une déclaration considérée par les Congolais comme un véritable aveu d'échec de cette mission : « *Nous ne pouvons pas réussir sans vous, la population du Nord-Kivu. Réussissons donc ensemble et ne nous laissons pas distraire par ceux qui ont besoin de la confusion pour continuer à exister* »[32bis].

Mais, pour le Congolais et l'Africain, Grand Inga représente beaucoup plus qu'un barrage :

- Il est un facteur de développement de la R.D. Congo et de toute l'Afrique. Il appartient au peuple congolais de décider de l'organisation interne de leur territoire. À ce sujet, la Constitution congolaise dispose dans son Article 9 : « *L'État exerce une souveraineté permanente notamment sur le sol, le sous-sol, les eaux et les forêts, sur les espaces aérien, fluvial, lacustre et maritime congolais ainsi que sur la mer territoriale congolaise et sur le plateau continental. Les modalités de gestion et de concession du domaine de l'État visé à l'alinéa précédent sont déterminées par la loi* ». Donc, aucun expert étranger n'a le droit de décider de ce qui est bon, moyennement bon ou franchement mauvais pour la nation congolaise. Toute la rhétorique développée dans les médias étrangers contre le Projet Grand Inga relève tout simplement de l'ingérence et du mépris à l'égard du peuple congolais et africain.

Le Programme des Nations-Unies pour l'Environnement (PNUE, 2010) a souligné, en conclusion de ses travaux d'évaluation environnementale, l'importance mondiale et le potentiel extraordinaire des ressources naturelles et minières de la R.D. Congo. En effet, avec la moitié des forêts et des ressources en eau de l'Afrique, avec des réserves minérales estimées à 24.000 milliards de $US, la R.D. Congo pourrait devenir **une locomotive pour le développement africain**, *à condition que les différentes menaces pesant sur ses ressources naturelles soient rapidement jugulées*. Pour devenir cette locomotive pour le développement africain, la R.D. Congo a besoin de beaucoup d'énergie, d'où la nécessité pour ce pays, voire **l'obligation**, de s'investir, avec audace et vision scientifique, dans la mise en valeur de tout le potentiel énergétique du site d'Inga;

- Il est un facteur de cohésion et de stabilité nationale pour cette génération et les générations futures. Grand Inga sera *un facteur de cohésion nationale* et non pas un facteur de partition de la nation congolaise comme le prédisent Léon et Porhel[11]. Il est surprenant que ces deux auteurs aient établi une telle corrélation. Éclairées par Grand Inga, toutes les populations congolaises protégeraient ce grand bijou national. Les gouvernants de demain devront en faire *un patrimoine national collectif*, une compagnie appartenant à chaque fille et chaque fils du Congo, qu'ils soient du Nord ou du Sud, du Centre, de l'Est ou de l'Ouest du territoire, parce que la dette de sa construction sera endossée par cette génération et les générations futures.

Quels sont les Congolais qui ne sont pas fiers aujourd'hui des édifices comme le stade des Martyrs, le Palais du Peuple, les Tours de la RTNC, de la Régideso et de l'Hôtel du Fleuve (ex-C.C.I.Z.), le Pont de Matadi ou encore les centrales Inga 1 et 2 ? Que serait la situation en R.D. Congo sans l'énergie fournie par ces deux centrales ?

Il faut tout simplement noter que de nombreux « experts occidentaux du Congo » des décennies 70 à 80 et le Comité pour l'Annulation de la Dette du Tiers Monde (CADTM) qui s'étaient farouchement opposés au financement de ces ouvrages sont tous confondus aujourd'hui. Dans ces décennies-là, les centrales d'Inga 1 et 2 étaient pour eux surdimensionnées par rapport aux besoins réels du pays, leur construction était qualifiée « *d'éléphants blancs* » ou de « *folie de grandeur* » des dirigeants de la Deuxième République. Aujourd'hui, tout le monde s'accorde pour dire que la puissance installée des deux centrales hydroélectriques est largement insuffisante face à la demande en énergie de 75 millions de Congolais, à celle des industries minières qui se sont développées un peu partout sur le territoire congolais et à celle d'autres pays africains moins nantis en ressources énergétiques. Cependant, on doit reconnaître, en toute honnêteté, que les gouvernants de la Deuxième République, malgré la dette odieuse accumulée par leur régime cléptocratique et laissée en héritage aux générations actuelles et futures, avaient été bien inspirés et plus clairvoyants pour ces investissements;

- Il est un facteur de stabilité dans la Région des Grands Lacs et dans toute l'Afrique. Nous sommes convaincus que le barrage Grand Inga sera un facteur de stabilité dans la Région des Grands Lacs Africains et dans toute l'Afrique. En effet, si la R.D. Congo fournit de l'électricité dans toute l'Afrique et que le projet d'interconnexion est réalisé (*Cfr*. Fig. 2.1), quel pays bénéficiaire tenterait d'agresser un autre quand il y aura cette interdépendance ? François Misser avait souligné ce facteur dans son livre sur la saga d'Inga[34].

Tableau 1 : Personnel de la MONUSCO en date du 31 décembre 2015.
Source : Site Internet de l'ONU[33].

Personnel de la Monusco	Nombre
Militaires	17 793
Policiers	1 178
Observateurs militaires	481
Personnel civil international	840
Personnel civil local	2 725
Volontaires des Nations Unies	421
TOTAL	23 438

Une telle interdépendance privilégierait les intérêts communs et réprimerait les pulsions et les intentions belliqueuses de certains petits dictateurs dans la région des Grands Lacs. Les gouvernants de l'Afrique de demain devront signer de nouveaux traités de non-agression entre leurs États au nom des intérêts communs et bénéfices partagés. Afin de juguler toute menace, qu'elle soit interne ou externe, et protéger le site d'Inga, les gouvernants congolais de demain devront mettre en place une force spéciale, suffisamment équipée pour être capable d'intervenir rapidement et neutraliser ou dissuader la menace. Ainsi, la base militaire de Kitona devrait être modernisée, équipée et chargée de former des unités spécialisées dans la surveillance, la détection, la dissuasion et la neutralisation de toute menace, non seulement à Inga mais aussi le long de la frontière dans cette province maritime. Ce qui éviterait des situations du genre de celle vécue lors de la deuxième guerre du Congo le 2 août 1998. À cette époque, les milices du Rassemblement Congolais pour la Démocratie (RCD), après avoir piraté trois avions à Goma, arrivèrent à Kitona, décimèrent par surprise la garnison militaire de cette base, s'emparèrent des centrales d'Inga et coupèrent la fourniture de l'électricité à la ville de Kinshasa, causant plusieurs dégâts notamment dans les hôpitaux où de nombreux malades et enfants prématurés moururent, faute d'électricité pour faire fonctionner les équipements. La situation ne fut rétablie que le 22 août 1998 grâce à l'intervention de l'armée angolaise sur appel du Président L.D. Kabila. Cette attaque surprise est aujourd'hui malicieusement utilisée dans l'argumentaire des activistes-opposants au Projet Grand Inga. Nos compatriotes experts en Stratégie militaire et Défense du territoire ne manqueront pas d'élaborer des politiques adaptées aux zones très sensibles de la République;

- Il est une solution afrocentrée à la « crise éthiopienne du Gerd ». Le bassin du Fleuve Nil couvre une superficie d'environ 3,1 millions de km^2 partagée entre les pays suivants : la R.D. Congo, le Burundi, le Rwanda, le Kenya, l'Ouganda, la Tanzanie, le Soudan du Sud, le Soudan, l'Ethiopie, l'Erythrée et l'Egypte. L'Éthiopie a bâti un grand barrage sur le Nil Bleu (*Grand Ethiopian Renaissance Dam* (GERD), Fig. II.3) afin de répondre à ses énormes besoins. L'érection du Gerd a coûté 4,8 milliards $US exclusivement financé par le gouvernement éthiopien, ce barrage va produire 6 000 MW. Le surplus d'électricité sera vendu aux pays voisins.

L'Égypte, connue historiquement comme un « Don du Nil », se sent gravement menacée par ce grand barrage car l'Éthiopie ne reconnait plus le traité de 1902 lui octroyant le droit de véto sur le partage des eaux du Nil et celui de 1929, octroyant la majorité du pouvoir sur le Nil à l'Égypte et au Soudan.

Donc, l'Égypte est un tributaire parfait du Nil, l'irrigation des zones agricoles, l'eau potable et l'électricité dépendent à 90 % du Nil. Elle affirme que le remplissage du réservoir du Gerd va diminuer le débit et le niveau d'eau du Nil. Ce qui va affecter le barrage hydroélectrique d'Assouan sur le Nil Bleu qui alimente une grande partie du pays en eau et en électricité, en plus de jouer un rôle de régulation des eaux du Nil en saison des pluies. Quant au Soudan, en plus de l'hydroélectricité, ce barrage va lui permettre de résoudre le problème de graves inondations provoquées par les eaux du Nil entre août et septembre de chaque année correspondant dans la région à la saison des pluies.

Cependant, les deux pays craignent en plus que le Gerd ne devienne un instrument géostratégique de domination et de contrôle de l'Éthiopie dans la région. Cette crainte est renforcée, d'une part, par l'absence d'accord, malgré la médiation de plusieurs pays et organisations (l'UA, l'ONU, l'UE, les USA, etc.) [35, 36, 37.], sur les modalités de gestion et de remplissage du réservoir du grand barrage, son fonctionnement en période de sécheresse et sur les mécanismes de résolution d'éventuels différends et, d'autre part, par la décision unilatérale de l'Éthiopie de démarrer le remplissage du barrage en juillet 2021, pendant la saison des pluies[36.].

Voilà donc la crise qui risque de déboucher sur un conflit armé entre l'Égypte et le Soudan contre l'Éthiopie et pouvant déstabiliser toute cette région. C'est dans ce contexte que M. Félix-Antoine Tshisekedi Tshilombo, Président de la R.D. Congo et, depuis le 7 février 2021, Président de l'Union Africaine, a été sollicité pour faire la médiation entre ces trois pays[38.]. Et au moment où nous développons ce paragraphe, nous apprenons ce 26 mars 2021 qu'une délégation américaine fera une tournée en R.D. Congo, en Egypte, en Éthiopie et au Soudan pour tenter de résoudre la « crise éthiopienne du Gerd »[39]

Fig. II.3. Localisation sur le Nil Bleu du Barrage de la Renaissance en Éthiopie, Bassin du Fleuve Nil. Source : Internet.

Comme l'avait dit le Président Cyril Ramaphosa à la fin de son mandat à la tête de l'UA en février 2021, il faut « *trouver des solutions africaines à des problèmes africains* », nous ajoutons qu'à la crise éthiopienne du Gerd, l'élite africaine doit proposer des solutions afrocentrées. Parmi ces solutions, nous suggerons la suivante :

L'Égypte, ce sont 106 millions d'habitants qui vivent **en situation de stress hydrique en permanence**. Si mis en service à sa pleine capacité, le Gerd sera, en plus des effets du changement climatique, **une menace permanente** pour l'Égypte. L'Éthiopie, ce sont 117 132 000 d'habitants dont les besoins en électricité sont énormes (65 % de cette population ne sont pas raccordés au réseau électrique)[39]. Le problème d'électricité pourrait être résolu autrement. C'est ici que la R.D. Congo pourrait offrir la solution à cette crise avec l'électricité qui sera produite par le Grand Barrage d'Inga :

- Achever la construction de toutes les phases du Barrage Grand Inga;

- Garantir, par un traité, de fournir de l'hydroélectricité à l'Éthiopie afin de lui permettre de répondre à ses besoins en électricité;

- Obtenir de l'Égypte et du Soudan, par un engagement via de nouveaux accords entre les trois États, un remboursement partiel du financement engagé par l'Éthiopie pour la construction du barrage qui servira, à moitié plein, aux trois pays comme régulateur de graves inondations par les eaux du Nil en période des pluies et une contribution permamente aux coûts de la fourniture de l'électricité d'Inga à l'Éthiopie, soit un moindre mal par rapport aux conséquences et coûts dûs à la diminution d'eau du Nil consécutive à la mise en service du Gerd;

- Cette interconnexion serait un premier accomplissement du projet des organisations continentales (lire en ligne : Union Africaine, Banque Africaine de Développement, Fonds Africains de Développement et NEPAD. « Programme pour le développement des infrastructures en Afrique (PIDA) : Interconnecter, Intégrer et Transformer un continent.). *Cette interconnexion viendrait renforcer la solidarité entre les États africains et contribuerait à jeter les bases du futur État Fédéral d'Afrique;*

*- **Il est un facteur de lutte contre la déforestation et préservation de la biodiversité** (*voir ci-dessous : Argument Écosystème terrestre);

*- **Il est un facteur qui va engendrer dans le Kongo Central un « Pôle national d'excellence en matière d'énergie hydroélectrique ».** Étant donné son importance, le site d'Inga réunira en un même endroit un grand nombre d'ingénieurs et autres experts dans ce domaine. La R.D. Congo devra en faire un *« Pôle national d'excellence en matière d'énergie hydroélectrique »*. Ce pôle sera soutenu par la création dans la région d'Inga de **l'Université nationale d'Inga** dont la principale mission sera la formation des ingénieurs et des scientifiques énergéticiens de très haut niveau, destinés à la recherche, l'innovation, la gestion et le développement dans le domaine des énergies. Les autres filières de formation devront cibler tous les autres aspects pratiques liés à l'exploitation du site d'Inga, notamment la

gestion du réservoir, l'hydrobiologie, l'écosystème fluvial, l'écosystème terrestre, etc.;

- Il est un facteur de l'industrialisation de tout le pays et plus particulièrement de la province du Kongo Central. Nous avons vu dans l'historique du Grand Inga que le colonisateur belge projetait de créer un grand nombre d'industries qui devaient consommer l`énergie qui sera produite à Inga. Nous rappelons à la mémoire collective certains de ces projets qui pourraient être repris aujourd'hui par nos dirigeants : *la production de l'aluminium à partir de la bauxite de la région de Sumbi (Kongo Central), minerai à 35 % d'aluminium découvert en 1958* (Cfr. Chap. 1), *la production d'engrais, la production de l'hydrogène (utilisé comme carburant ou vecteur d'énergie dans les voitures de demain), le développement et la modernisation des ports de Banana, Boma et Matadi, voire l'enrichissement de l'uranium du Katanga,* etc. Au lieu de continuer à exporter les matières premières, les ingénieurs congolais devront proposer des projets de transformation de la plupart de ces matières sur place au pays ou en collaboration avec d'autres pays en utilisant l'énergie d'Inga.

Un autre argument plus original et apparemment inoffensif pour Grand Inga est dénommé « ***Plan Marshall pour électrifier l'Afrique*** »[35]. Ce projet a été élaboré par M. Jean-Louis Borloo, ancien Ministre de l'Écologie du gouvernement français qui, depuis le début de 2015, parcourt tout le continent pour le vendre auprès des Chefs d'État africains. Il s'agit de réunir 250 milliards de dollars US pour financer, à raison de 4 milliards/an pendant une dizaine d'années, le projet d'électrification de toute l'Afrique. D'après M. Borloo, ces fonds seront gérés par une agence qui serait pilotée par les Africains. Chaque sous-région africaine aura à décider de la nature de l'énergie à produire. Cette idée d'un « *Plan Marshall africain* » n'est pas une nouveauté, nous l'avions déjà suggérée en 2014 dans notre analyse sur le Projet Transaqua, projet de transfert des eaux du bassin du Fleuve Congo au Lac Tchad[23]. Nous écrivions exactement ceci : « *la R.D. Congo étant reconnue, par ses nombreuses potentialités naturelles, comme le pays pouvant servir de locomotive pour le développement de toute l'Afrique,* *pourquoi ne peut-on pas plaider pour un* **Plan Marshall africain** *qui inonderait ce pays de capitaux afin de créer les véritables conditions du relèvement du continent noir ? Encore une fois, comparés aux énormes potentialités de la R.D. Congo et les réelles possibilités d'un développement de l'Afrique dans un temps relativement court, les mirages du Projet Transaqua ne soulèvent que scepticisme et méfiance.* » Nous soutenons toujours cette suggestion. Le « *Plan Marshall* » de M. Borloo serait génial s'il pouvait viser le financement du Projet de Barrage Grand Inga dont les coûts ont été évalués au tiers des fonds qu'il propose dans son projet, soit 80 milliards de dollars US. Malheureusement, son plan semble plutôt représenter une sérieuse menace pour le Projet Grand Inga. En effet, M. Borloo propose de « *produire de l'énergie décentralisée ou modulaire* » à travers toute l'Afrique. Les inconvénients d'une telle production sont multiples. Nous en nommons juste trois ici (les autres seront développés dans le chapitre 3 de cet ouvrage quand nous traiterons de « *Solutions de rechange au Grand Inga* ») :

- l'atteinte à l'environnement serait doublement voire triplement proportionnelle au nombre de petites centrales électriques qui seront installées ;

- il serait difficile de développer une expertise africaine dans ce domaine compte tenue de la dispersion de ces micro-infrastructures, ce qui, à la longue, va coûter plus cher en maintenance ;

- tout projet de production de l'énergie électrique décentralisée ou modulaire pourrait compromettre le développement de tout le potentiel du « Trigone de la Puissance Énergétique du Congo », c.-à-d. Grand Inga, à moins qu'il ne soit considéré que comme une structure de soutien à ce dernier. En outre, un tel projet va retarder le projet d'intégration et d'interconnexion tant souhaité par les Africains[5].

Cependant, les fondements du « *Plan Marshall* » de M. Borloo rencontrent les préoccupations profondes des populations africaines et de leurs dirigeants en ce qui concerne leurs criants besoins en électricité. D'après lui, « *L'électricité n'est pas un sujet comme les autres, c'est un sujet en amont de tous les autres. L'électricité, cela veut dire l'accès à l'eau. C'est aussi la réduction de la déforestation, le développement de l'agriculture, la santé, l'éducation…Le rapport de productivité est de 50 à 1 avec ou sans électricité. Bref,* **cette histoire est une anomalie pour la planète** (souligné par nous). » Oui, c'est vraiment une anomalie quand on compare les pays africains à ceux des autres continents en matière d'accès à l'énergie électrique. Mais, loin d'être une œuvre de bienfaisance, le « *Plan Marshall* » de M. Borloo vise avant tout à régler deux problèmes majeurs en Europe :

- Il y a d'abord la peur qu'inspire la « *bombe démographique africaine* » qui, si elle n'est pas confinée sur le continent africain, va se déverser sur l'Europe et la déstabiliser. Le constat est simple, dit M. Borloo : « *Il y a aujourd'hui 480 millions d'Européens, dans vingt ans, nous serons 380 millions. En Afrique ce sont un milliard d'habitants, deux dans vingt ans…L'Afrique est le théâtre d'un exode vers les centres urbains…Cet appel de la lumière est une évidence, il nourrit un exode synonyme de déstabilisation, de perte de repères…Penser que si l'on ne fait rien permettra d'éviter la confrontation est une erreur* » ;

- il y a ensuite, comme à chaque époque de l'histoire de l'Europe, les problèmes économiques auxquels il faut trouver des solutions. Et comme aux époques précédentes, c'est le continent africain qui doit venir en aide à l'Europe[36]. En effet, à une question d'un journaliste du Journal le Monde en ligne (*Au-delà de l'aspect sécuritaire, quel est l'intérêt économique pour l'Europe de soutenir un tel projet ?*), M. Borloo répondra clairement : « *Électrifier l'Afrique constitue un vrai relais de croissance pour l'Europe. 100 % d'électrification du continent africain signifie entre 10 et 15 % de croissance pendant 15 ans, contre 5 % de croissance à l'heure actuelle, et 3 % de croissance supplémentaire pour l'Europe sur la même période…Miser sur l'Afrique, c'est (…) assurer un avenir économique à l'Europe…C'est vital pour notre croissance, pour notre stabilité, et c'est un supplément d'âme pour l'Europe…Quand on aura fini de vendre des machines-outils aux Chinois, elle sera où la croissance européenne ?* »

Aux Africains de comprendre les véritables enjeux et d'être visionnaires (de voir grand) avant de s'embarquer dans les micro-infrastructures de production d'énergie électrique décentralisée ou modulaire tels que proposées dans le « *Plan Marshall* » de M. Borloo. Car après 30 ans d'exploitation, ces micro-infrastructures seront abandonnées faute d'expertise locale et de maintenance et l'obscurité se rabattra sur le continent. Nous pouvons juste suggérer aux dirigeants africains l'idée suivante : Parce que ces enjeux se posent à l'échelle régionale et que les besoins en énergie électrique et en financement sont immenses, les pays africains devraient se concerter afin d'adopter **une approche régionale commune**, compter d'abord sur leurs propres forces avant d'accueillir les facilités offertes par leurs partenaires. Ce qui leur éviterait de tomber dans le piège des micro-solutions, parcellaires, immédiates mais non payantes à longs termes. *L'union fait la force*, dit-on.

Un dernier argument encore plus surprenant dans ce domaine de géostratégie est celui développé par Lustgarten[36]. Pour cet auteur, l'enjeu du Grand Inga n'est pas seulement continental, il est aussi un enjeu européen. En effet, ce barrage fournirait, via la ligne 4 (Fig. II.1), son énergie électrique à l'Europe : « *Le cas du Grand Inga est fascinant parce qu'il incarne le rôle de l'Afrique dans le nouvel impérialisme énergétique comme fournisseur d'énergie qui nous envoie de l'électricité brute de la même façon qu'elle nous a toujours envoyé du caoutchouc, des minéraux et du bois brut, ainsi que, il n'y a pas si longtemps, des esclaves* ». Il ne s'agit pas d'empathie envers les Africains. Son souci est ailleurs. Lustgarten exprime ensuite la crainte des Occidentaux en ces termes : « *En mêlant des intérêts européens avec un nouveau réseau complexe d'engagements géopolitiques, la Commission Européenne nous lie de force avec des régimes que nous ne devrions pas soutenir et des régions dont nous ne comprenons, ni ne pouvons prévoir les politiques...En ce sens, la « sécurité » énergétique à court terme est synonyme d'une insécurité sociale, politique et militaire sur le long terme* ».

Cette crainte est-elle justifiée face aux propres défis africains dans le domaine de l'énergie électrique ? La réponse est non ! Nous pensons que cet auteur fait une mauvaise lecture et une interprétation biaisée de la situation des populations congolaises d'abord et africaines ensuite. Ces populations savent que presque toutes les politiques africaines sont dictées par les faiseurs de rois occidentaux. Pour lui, ce qui motive la construction du Grand Inga, hormis la perspective de profits massifs pour les entreprises (occidentales), c'est la peur des dirigeants de l'Union Européenne de manquer de l'énergie électrique. Il ignore complètement les besoins des Africains et de leurs dirigeants. Dans sa tentative de prouver que l'électricité qui sera produite par Grand Inga ne profitera pas aux populations congolaises et africaines, M. Lustgarten use de la mauvaise foi, des fausses informations et d'un amalgame de données pseudo-scientifiques que seuls les spécialistes peuvent découvrir.

L'auteur a écrit : « *En 1998, Energoinvest, une société yougoslave(...) a construit un petit barrage appelé Mobayi Mbongo pour alimenter la ville de Goma à l'Est de la RDC* ». Faux ! Tous les Congolais savent que le barrage de Mobayi Mbongo a été construit en 1989 dans la province de l'Équateur pour alimenter en électricité la ville de Gbadolite en R.D. Congo et la ville de Mobayi-Banga en République Centrafricaine dans le Nord-Ouest de la R.D. Congo (et non pas, comme l'a écrit M. Lustgarten, la ville de Goma qui elle, est située à plus de 1000 km de Mobayi-Mbongo, dans l'Est du pays) ! L'auteur parle ensuite de « *carnage environnemental que provoquerait la percée à travers la jungle du chemin pour la ligne de transport d'électricité* », de l'importance écologique exceptionnelle que revêt la forêt tropicale congolaise avec ses 270 espèces de mammifères dont 39 (spécifiques) endémiques comme l'okapi, le buffle des forêts, la très rare antilope bongo, l'éléphant de forêt, avec le paon congolais ou avec ses 10 000 espèces de plantes dont 3 300 (spécifiques) endémiques à cette région, etc.

Ce que l'auteur ne dit pas, c'est que, d'une part, ces espèces animales et végétales occupent des zones géographiques bien déterminées que le tracé des lignes de transport du courant pourra éviter, et d'autre part, elles n'ont même pas été recensées dans la région d'Inga. En outre, l'expérience a montré que « le carnage » qu'il redoute ne s'est jamais produit et ne se produira pas. En effet, la ligne électrique Inga-Kolwezi-Zambie (jadis nommée Inga-Shaba) n'a pas causé « un carnage environnemental ». Ailleurs, par exemple au Canada, les lignes de transport de courant continu (735 kV) depuis les barrages de la Grande Rivière située au Nord de la province du Québec jusqu'à Boston dans l'État de Massachussetts/USA (soit une distance de 1 480 km !) n'ont pas provoqué « un carnage » des animaux caractéristiques de l'Amérique du Nord tels que les ours, les castors, les orignaux, les bisons, les caribous ni les cerfs ! Toute cette inflation verbale est destinée à créer une psychose dans la population, susciter l'adhésion à ses idées des groupes de pression environnementalistes occidentaux et, en définitive, démotiver les éventuels bailleurs des fonds intéressés par le financement du Projet de Barrage Grand Inga.

En outre, ce qu'il faut savoir (que l'auteur ne dit pas non plus), c'est que les chemins pour les lignes électriques ne constituent pas une barrière physique infranchissable pour ces animaux. À ce sujet, les activistes environnementalistes ont un discours sélectif. C'est le cas par exemple de l'ONG Équiterre (un groupe d'activistes environnementalistes du Québec/Canada) dont le président et cofondateur, M. Sidney Ribaux[37], souhaitait dans un article publié le 15 février 2016 que le Gouvernement fédéral du Canada prévoie « *des investissements dans les **infrastructures vertes** comme les lignes de transport Est-Ouest pour **exporter l'électricité propre** de la Colombie Britannique, du Manitoba et du Québec vers l'Alberta, l'Ontario et les Maritimes* ». Le Canada s'étale d'un océan à l'autre. Une ligne de transport du courant électrique partant par exemple de la centrale hydroélectrique Robert Bourassa (à Radisson, Nord du Québec) à la ville de Vancouver (Colombie Britannique) couvrirait une distance de 4 809 km (en suivant la route existante) ou une distance de 3 679 km à la ville d'Edmonton (Alberta). Ces distances ne sont pas différentes de celles proposées pour le développement du Barrage Grand Inga. En effet, de Matadi (R.D. Congo) à Alexandrie (Égypte), la ligne de transport du courant électrique proposée couvrirait une distance de 4 474 km. Si cette ligne devait, par exemple, amener l'électricité en Europe par la région de Ragusa (Italie), elle aurait à parcourir 4 764 km en ligne droite ou 7 936 km en suivant la route transafricaine (Matadi - Rép. du Congo – Gabon – Cameroun – Nigeria – Niger – Algérie – Tunisie - Italie). Dans le cas du Canada, ni Équiterre ni *Counter Balance* (ONG de M. Lustgarten) ni les autres groupes activistes anti-Grand Inga n'ont jamais évoqué le « carnage environnemental » ni l'importance écologique de la forêt ni celle de la faune caractéristique de cette région nordique.

Enfin, tout ce que nous pouvons prédire avec assurance, c'est que si on ne fournit pas à temps de l'énergie électrique aux populations congolaises et africaines, on pourrait assister sans aucun doute à la disparition de toute cette merveilleuse biodiversité au nom de laquelle les activistes-opposants au Projet Grand Inga dépensent tant d'énergie et d'argent. En effet, sa surexploitation va atteindre des sommets inégalés à cause de la « **bombe démographique africaine** » qui pointe à l'horizon 2040 (soit, selon les statistiques mondiales de l'ONU[49], 2 milliards d'habitants dont seulement 25 % ont accès à l'électricité aujourd'hui !).

2.3.2. *Deuxième argument : Faiblesse de la Gouvernance et Insécurité*

La grande faiblesse de la gouvernance et l'insécurité de la R.D. Congo ont été reconnues par tous ses partenaires. Cependant, cette situation, condamnée par les Congolais, premières victimes innocentes, a des causes exogènes à presque 90 %. En effet, depuis novembre 1965, les Congolais n'ont jamais choisi librement leurs dirigeants : J-D. Mobutu, L.D. Kabila, J. Kabila-1, J. Kabila-2. Opposer cet argument au financement du Projet Grand Inga relève d'un cynisme ou d'un manque d'empathie à l'égard du peuple congolais. Les Grandes Puissances dans leur lutte pour contrôler la R.D. Congo, pays en voie de développement, ou pour avoir accès aux matières premières dont regorgent son sol et sous-sol, ont toujours imposé des dirigeants à la tête de ce pays. Si ces derniers se révèlent incapables, juste bons pour protéger leurs intérêts pendant que les institutions démocratiques, les outils démocratiques de gestion sont détruits ou négligés, nous pensons qu'il revient à ces mêmes Grandes Puissances de leur faire entendre la voix de la raison, si non de leur montrer la voie de sortie. Comment peut-on armer un dictateur et son équipe de prédateurs et espérer voir le peuple souverain les combattre à mains nues ?

On ne peut pas sacrifier le Projet Grand Inga sur la base de cet argument. Si la gouvernance et la sécurité laissent à désirer en R.D. Congo, c'est aussi à cause de nombreuses ONG étrangères et agences de la MONUSCO et leurs multitudes de programmes qui sapent l'action des gouvernants, les infantilisent, les fragilisent et les empêchent d'assumer leurs responsabilités devant la nation.

L'insécurité n'est pas congénitale. Heureusement, à la date d'aujourd'hui, 2021, l'équipe dirigeante qui a hypothéqué l'avenir du Congo depuis plus de deux décennies vient d'être déboulonnée avec méthode et stratégie par le nouveau régime qui ne ménage aucun effort pour restaurer la paix, la sécurité et instaurer un État de droits dans le pays. Nous ne le répèterons jamais assez : « *La population congolaise doit être sortie de l'obscurité, de la pauvreté et de la faim grâce à l'accès à l'énergie électrique que seul le Projet Grand Inga peut fournir avec le moins d'impact environnemental possible. La communauté internationale a le devoir moral de soutenir ce peuple qui, depuis sa colonisation, n'a jamais profité des richesses de son pays.* » Certains auteurs, versant dans l'irrationnel, ont même parlé de la « ***malédiction des matières premières*** »[38]. Nous déclarons avec force qu'il n'y a pas de malédiction, il y a plutôt bénédiction de la R.D. Congo et de sa population, il n'y a que **convoitise étrangère**, **prédation sans état d'âme** et **complicité** !

2.3.3. Troisième argument : Destruction de l'écosystème fluvial

Plusieurs arguments relatifs à l'atteinte à la biodiversité aquatique, plus particulièrement les poissons du Fleuve Congo, ont été avancés :

- Pour Bosshard, P. (2014), Directeur des politiques de l'ONG américaine « *International Rivers* », le Fleuve Congo va connaître « ***une***

mort en mille coupures » (Fig. II.3)[39]. Cet argument est faux et relève de la désinformation et nous allons le prouver ci-dessous.

- Nous avons signalé dans l'introduction que nous avions quitté en 2015 le groupe d'experts en Biodiversité des poissons d'eaux douces et saumâtres du monde entier qui devait produire un travail collectif sur les grands barrages. Ces experts viennent de publier les résultats de leur travail collectif sous le titre « *Balancing hydropower and biodiversity in the Amazon, Congo, and Mekong* » (littéralement « Équilibrer la biodiversité et l'hydroélectricité dans les bassins hydrographiques de l'Amazone, du Congo et du Mékong ») (Fig. II.4)[40]. Depuis le 08 janvier 2016, ce travail a été largement diffusé dans les médias francophones sous le titre « *Les grands barrages hydroélectriques menacent la biodiversité* »[41]. Malgré d'étroites relations entre certains de ces experts et nous, nous ne pouvons pas partager, au nom de la même Science, leur point de vue exprimé dans les résultats qu'ils viennent de publier. Et nous avions eu raison de débarquer de l'équipe.

Pourquoi ? Ils ont comparé le Fleuve Congo à deux autres grands fleuves, l'Amazone et le Mékong, en fonction du nombre de barrages en fonction et en projet. Nous les résumons dans le tableau ci-dessous. Peut-on, à la lecture de ces données, adopter un discours éco-catastrophiste et alarmiste sur l'ajout d'un seul grand barrage sur le Fleuve Congo ?

En ce qui concerne le nombre de barrages en fonction, le rapport est respectivement de 1/8 (Congo-Amazone) ou 1/6 (Congo/Mekong). Ce faible rapport est à mettre en relation avec le faible degré de développement. En effet, le Brésil (principal pays du bassin de l'Amazone) et la Chine, le Laos, la Thaïlande et le Cambodge (bassin du Mékong) ont tous un degré de développement de loin supérieur à celui des pays du bassin du Fleuve Congo (R.D. Congo, République du Congo, Cameroun, République Centrafricaine, Ouganda, Rwanda, Burundi, Tanzanie, Zambie et Angola). On ne peut pas, au vu de cette comparaison, comprendre la logique sur laquelle se fondent les campagnes contre le Projet de Barrage Grand Inga. Winemiller *et al.*, (*op. cit.*) ont aussi publié dans leur article trois cartes de distribution géographique de ces barrages (**Fig. II.4**).

Fig. II.3. Fleuve Congo : Mort en mille coupures.
Source : Peter Bosshard[39]

Tableau 2 : Comparaison du nombre de barrages dans les trois grands bassins fluviaux. Source : Données extraites en partie de Winemiller *et al.*, 2016)[40].

Bassins	Nombre de barrages en fonction	%	Nombre de projets de barrage	%	Superficie (km^2)	Longueur (km)
AMAZONE	416	53,06	334	75,06	6 144 727	6 437
MEKONG	317	40,43	98	22,02	810 000	4 909
CONGO	51	6,51	13	2,92	3 730 474	4 700
TOTAL	784	100	445	100	-	-

Trois observations majeures peuvent être faites :

- Le bassin du Fleuve Congo (plus particulièrement la R.D. Congo) est dans l'obscurité par rapport aux pays des autres bassins quand on compare la distribution des barrages en fonction (Points blancs sur la figure II.4) ;

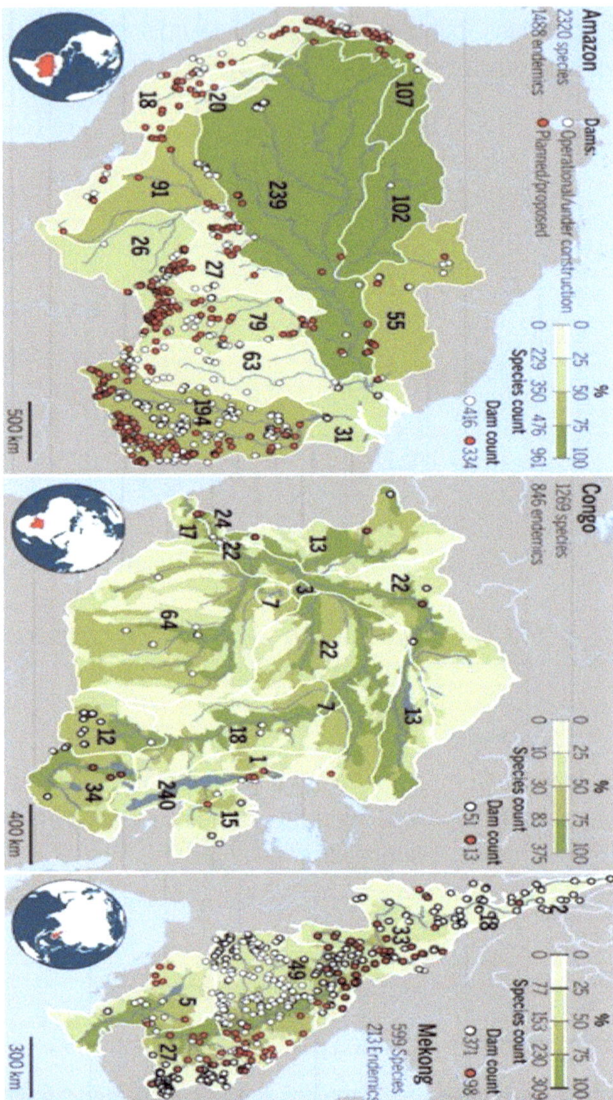

Fig. II.4. *Distribution géographique des barrages et du nombre d'espèces de poissons par écorégion dans les bassins des fleuves Amazone, Congo et Mékong. Points blancs : barrages actuellement en fonction ; Points rouges : projets de barrage.*
Source : Winemiller, K.O. *et al.*, 2016[40].

- En dehors des Centrales d'Inga 1 et 2, il n'y a aucun autre barrage sur le cours principal du Fleuve Congo ;

- Le faible nombre d'espèces de poissons endémiques de la région des rapides du Cours inférieur du Fleuve Congo (24) ne peut pas à lui seul justifier le rejet de la mise en valeur de ce site unique au monde de par son potentiel énergétique (Fig. II.4).

Donc, contrairement à l'Amazone et au Mékong, le Fleuve Congo n'a qu'un seul barrage sur son cours principal, le barrage des centrales Inga 1 et 2 (Fig. II.4)[40]. Cette observation réfute l'argument de Bosshard[39] selon lequel le Fleuve Congo mourra de mille coupures. Même si l'on construisait toutes les phases du Grand Inga (Inga 3 à Inga 8), le Fleuve Congo ne sera jamais mis en mille morceaux ! Et il ne mourra jamais !

Les Congolais qui s'intéressent à ce domaine se souviendront de M. Peter Bosshard. Il est le premier signataire de la lettre adressée au Secrétaire d'État américain John Kerry pour lui demander de faire bloquer le financement de la construction du barrage d'Inga 3 par l'USAID le 20 décembre 2013 (lire cette lettre en ligne http://www.internationalrivers.org/resources/civil-society-letter-calling-on-us-not-to-support-inga-3-dam-8197). Dans cette lettre, les huit signataires (Peter Bosshard et Rudo Sanyanga de *International Rivers* ; Joshua Klemm de *Bank Information Center* ; Randy Hayes de *Foundation Earth* ; Maurice Carney de *Friends of the Congo* ; Karen Orenstein de *Friends of the Earth US* ; Daphne Wysham de *Institute for Policy Studies* et Ben Collins de *Rainforest Action Network*) avancent un autre faux argument : « *Le barrage Inga 3 aura probablement un impact sur les **pêcheries endémiques** du Fleuve Congo* ». Il y a des poissons endémiques dans les rapides et chutes d'Inga, mais, il n'y a pas de pêcheries endémiques dans cette partie du Fleuve Congo. Les uniques et célèbres pêcheries endémiques connues sur le Fleuve Congo sont les pêcheries des Wagenia dans les Chutes Boyoma (ex-Stanley Falls, Fig. II.5) qui s'étendent d'Ubundu à Kisangani.

- Un autre argument avancé par les opposants au Projet Grand Inga assure que « *les centrales hydroélectriques ont un impact négatif bien connu sur les populations de poissons migrateurs. Elles constituent des obstacles qui isolent les populations les unes des autres et empêchent le déplacement des espèces migratrices. Leur construction aboutit souvent à une diminution du nombre d'individus et à une perte de diversité »*[40]. Cet argument avait été aussi formulé par le PNUE en ces termes : « *du fait de leur envergure et de leur hauteur, les installations du Grand Inga constitueraient une barrière permanente et insurmontable pour les poissons migrants : de ce fait, l'écosystème du Fleuve Congo serait divisé en deux parties. Cela aurait des impacts multiples, dont une diminution générale de biodiversité* »[41].

Si cette affirmation est vraie pour le Mékong, elle nous semble fort douteuse et ne devrait pas être prise en compte pour le Fleuve Congo, et plus particulièrement pour la région d'Inga. À notre connaissance, les informations disponibles ne signalent pas l'existence des poissons migrateurs dans le Fleuve Congo ni dans son Cours inférieur où se trouve le site d'Inga. D'ailleurs, le profil morphologique du Cours inférieur du Fleuve Congo permet de douter de l'existence des poissons migrateurs en ce lieu (Fig. II.6). Au vu de la localisation du site d'Inga sur ce profil, quelles sont les espèces de poissons de cette partie du fleuve qui sont adaptées à pratiquement « escalader » par nage un mur d'eau d'environ 163 m de hauteur qui sépare Matadi (7,50 m d'altitude) d'Isangila (170,61 m) ? On n'en a pas encore découvert !

Contrairement à ce qui est avancé par Winemiller, K.O. *et al.*[34] et le PNUE, *ces rapides constituent plutôt une grande barrière naturelle à* toute migration des poissons, qu'ils soient d'eaux saumâtres ou d'eaux douces. En effet, l'étude zoogéographique du bassin du Fleuve Congo permet d'y reconnaître trois régions naturelles : le Cours supérieur du Fleuve Congo (Lualaba) séparé naturellement du Cours moyen (Moyen Congo) par les Rapides et Chutes Boyoma, ce Cours moyen est à son tour séparé du Cours inférieur (Bas-Congo) par de nombreuses chutes et rapides depuis les Chutes de Kintambo à la sortie du Pool-Malebo jusqu'aux Rapides de Kasi, derniers rapides du site d'Inga[42,43,44].

Nous même avons pu confirmer ces trois régions naturelles en étudiant la distribution géographique des espèces de poissons du genre

Labeo, un cyprinidae largement représenté dans ce bassin[45]. En outre, Roberts et Stewart[44] avaient identifié 134 espèces de poissons dans les rapides du Cours inférieur du Fleuve Congo dont 13 strictement endémiques au site d'Inga (Fig. II.6). Ce sont les espèces suivantes :

- *Brycinus comptus* (Roberts&Stewart,1976) (Alestidae),
- *Varicorhinus macrolepidotus* Pellegrin, 1928 (Cyprinidae),
- *Chrysichthys dendrophorus* (Poll, 1966) (Bagridae),
- *Doumea alula* Nichols&Griscom, 1917 et *Phractura lindica* Boulenger, 1902 (Amphiliidae),
- *Heterobranchus longifilis* Cuvier&Valenciennes, 1840 (Clariidae),
- *Synodontis caudalis* Boulenger, 1899 (Mochokidae),
- *Hemichromis bimaculatus* Gill, 1862,
- *Lamprologus mocquardi* Pellegrin, 1903,
- *Nanochromis consortus* Roberts&Stewart,1976 et *Steatocranus glaber* Roberts&Stewart, 1976 (Cichlidae),
- *Caecomastacembelus aviceps* (Roberts&Stewart, 1976) (Mastacembelidae),
- *Tetraodon mbu* Boulenger, 1899 (Tetraodontidae).

Les photos de ces espèces peuvent être observées sur le site de l'AMNH-New York (*Congo Project*) ou sur le site de Fishbase.org. Ces deux auteurs (Roberts et Stewart, *op. cit.*) n'avaient signalé aucun groupe de poissons migrateurs dans cette partie du Fleuve Congo. Donc, le Fleuve Congo est déjà scindé par deux **barrières naturelles** en trois parties, caractérisée chacune par un nombre plus ou moins important d'espèces endémiques selon les familles de poissons. ***En quoi un barrage hydroélectrique, érigé ici au sein d'une barrière naturelle, constituerait-il une grave menace pour la biodiversité, voire une catastrophe pour l'environnement, comme largement diffusé dans les campagnes des activistes-opposants au Projet Grand Inga ?*** Il y a certainement une exagération excessive de la dite menace théorique comparativement aux menaces réelles dans le bassin du Fleuve Congo.

Les concepteurs du barrage Grand Inga ont déjà pensé à atténuer cette menace pour les espèces locales. En effet, d'après le Dr Igr

Nzakimuena (*comm. pers.*, août 2015), dont l'expertise dans la conception des aménagements hydroélectriques est reconnue au Canada et ailleurs et ayant participé aux études de faisabilité de la dernière version du barrage Grand Inga acceptée par le gouvernement congolais, ses partenaires et les bailleurs des fonds, les nouvelles techniques permettent de minimiser au maximum l'impact de cette structure sur les organismes aquatiques

Fig. II 5. Pêcheries des Wagenia dans les Chutes Boyoma à Kisangani. Source : Photo Internet.

Il y a d'abord les passes à poissons (ou échelle à poissons pour les très rares poissons en montaison, *en supposant qu'il en existe dans le Fleuve Congo*). Mais, Winemiller, K.O. *et al.* [40] avancent que ces passes à poissons, qui fonctionnent très bien dans les pays du Nord, ne seraient pas efficaces dans les pays du Sud. Naïvement, nous serions tentés de poser la question suivante : « *Pourquoi les poissons migrateurs du Fleuve Congo (encore faut-il qu'il y en ait !) ne seraient-ils pas capables, comme les poissons des fleuves du Nord, d'emprunter une passe aménagée dans le barrage ?* » Aucune explication n'est fournie pour soutenir cette allégation. Il y a ensuite, selon l'Igr Nzakimuena, le grand diamètre des turbines qui seront installées dans les nouvelles centrales.

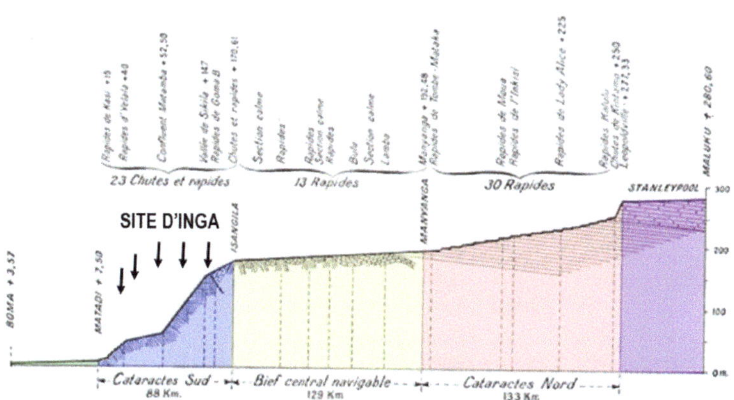

Fig. II.6. Profil du Fleuve Congo entre Pool Malebo (ex-Stanley Pool : ± 300 m d'altitude) et Boma (± 3,57 m d'altitude). Source : Adapté de Roberts (1946) tel que modifié par M.L.J. Stiassny, AMNH, The Congo Project.

Ce grand diamètre permet de réduire sensiblement la vitesse de rotation des turbines, il en résulterait donc une baisse significative de la mortalité des poissons pendant leur dévalaison. Enfin, lors de notre dernière visite de la Centrale Inga 2 le 24 novembre 2019 en compagnie du Consortium chinois « The State Power Investment Corp & Global Infrastructure Partners » (Fig. II.7), un ingénieur de cette centrale à qui nous avions posé cette question nous répondra que « *si des poissons entrainés dans les turbines mourraient, nous les verrions flotter en aval de la centrale !*» Cet argument devrait donc, comme les autres, être rejeté.

Un autre argument soutient que l'érection d'un barrage sur le cours principal du Fleuve Congo « *entraînerait la rétention d'un énorme volume des fins sédiments charriés par le fleuve. Ces sédiments sont la base alimentaire de l'écosystème local et des poissons en aval, au niveau du Parc national de la Mangrove, de l'embouchure du fleuve et des parties adjacentes de l'océan Atlantique. Les conséquences sont difficiles à prédire, mais seront assurément négatives* »[40,41,46]. Pour Bernhard Wehrli, « *Le site d'Inga au Congo recèle un énorme potentiel car il correspond à des chutes d'eau, mais il a l'inconvénient d'être placé relativement près de la mer, ce qui est défavorable pour les poissons[40]»*.

Fig. II.7. Le Dr Sinaseli Tshibwabwa : visite à la Centrale hydroélectrique Inga 2 en novembre 2019 en compagnie du Consortium chinois « The State Power Investment Corp & Global Infrastructure Partners ». Source : Crédit Photo : Tshibwabwa, S., 24 novembre 2019.

Quelques observations permettent de réfuter cet argument. Les eaux du réservoir ne seront pas stagnantes, elles seront toujours en mouvement et remises dans le lit principal du fleuve en aval des centrales après avoir livré leur potentiel énergétique (Temps de rétention estimé à 18 heures)[47]. Certes il y aura, suite à la diminution de la vitesse du courant dans le réservoir et à l'inondation en amont (effet de remous), un dépôt d'une partie des sédiments. Mais, il est prévu des mécanismes pour remettre ces sédiments en circulation notamment le dragage comme c'est le cas aujourd'hui avec le barrage d'Inga 1 et 2. Cette réduction des apports organiques à l'Océan Atlantique a été estimée par le bureau d'études d'Artelia-France à ±10 % (± 50% de la charge en matières organiques particulaires (MOP))[47]. En outre, contrairement à ce qu'avance Bernhard Wehrli[40], le fleuve parcourt une distance de près de 200 km du site d'Inga à l'Océan, distance largement suffisante pour permettre aux eaux de reconstituer grandement leur stock en matières organiques particulaires.

En ce qui concerne le Parc national de la Mangrove, la grande menace qu'il court ne viendra pas du barrage Grand Inga (Inga 1 et 2 n'ayant eu aucun impact visible sur ce parc). La grande menace vient plutôt de la pollution chimique à grande échelle provenant des entreprises multinationales qui exploitent le pétrole (énergie fossile très nuisible à l'environnement) comme nous avions pu l'observer personnellement en 1988 déjà, et de la surexploitation sauvage de sa biodiversité par la population autochtone, sans respect des normes fixées par les lois du pays. Cette pollution a été dénoncée par les ONG de Muanda dans la province du Kongo Central[28]. Elle n'a jamais été ouvertement condamnée par les activistes-opposants à Grand Inga ni dans la littérature scientifique en Occident alors que beaucoup de Scientifiques occidentaux ont sillonné tout le bassin du Fleuve Congo. Cependant, il y a deux éléments essentiels dont les activistes-opposants au Projet Grand Inga ne prennent jamais en ligne de compte :

1)- Le réservoir qui sera créé par le barrage va accroître le potentiel de pêche dans la région, les poissons locaux profitant d'un important apport de nutriments ;

2)- Le réservoir va rendre possible une navigation sur une distance de ± 150 km en amont, de Mpioka jusqu'à Inga, zones présentement inaccessibles par le fleuve à cause des chutes et rapides. Ainsi, de nombreux petits villages seront désenclavés, accroissant du coup les activités socio-économiques dans la région. Tous ces éléments ont été largement développés et présentés au gouvernement congolais, ses partenaires et les organismes bailleurs des fonds[41]. Malheureusement, les activistes-opposants n'y prêtent aucune attention, ce qui confirme notre hypothèse : leur objectif est d'asseoir une idéologie plutôt que de protéger les intérêts de la population congolaise et sauver la biodiversité.

Enfin, un autre argument pour le moins surprenant a été avancé par Winemiller[40] en ce qui concerne les espèces de poissons endémiques des rapides du Rio Xingu, un important affluent de l'Amazone. L'auteur signale que « *ces espèces, qui sont pêchées et vendues à l'étranger comme poissons d'ornement, sont menacées par le projet hydroélectrique de Belo Monte* ». Cet argument vise-t-il à sauvegarder l'intégrité du cours d'eau et sa biodiversité ou à protéger le commerce à l'étranger des espèces endémiques du Rio Xingu ? Selon notre point de vue (discutable), la présente menace des espèces de poissons endémiques du Rio Xingu est celle due à leur surexploitation afin de répondre à la demande des aquariophiles en Amérique, en Europe, en Australie et au Japon. Mais l'auteur ne signale pas le cas d'exportation, sans aucun contrôle, des espèces de poissons d'aquarium du bassin du Fleuve Congo (un de grands fournisseurs mondiaux des poissons d'aquarium) dont la pêche et l'exportation ne rapportent presque rien aux autochtones ni à l'État congolais mais dont la vente sur le marché international fait de 1 à 3 milliards de dollars de chiffre d'affaires !

2.3.4. *Quatrième argument : Destruction de l'écosystème terrestre*

Contrairement à la biodiversité des poissons, la biodiversité de l'écosystème terrestre de la région du site d'Inga n'a pas une caractéristique particulière. La végétation dominante est une savane herbacée et arbustive (Fig. II.8, II.9 et II.10), résultant de la géologie, de l'exploitation forestière passée et des feux de brousse[46]. On note aussi de nombreuses galeries forestières le long des rivières (Fig. II.11) et dans les vallées profondes. Selon les experts qui ont mené les études d'impact environnemental et social (EIES), il n'y a pas à proximité du site d'Inga des espèces végétales à statut particulier ni de formations forestières protégées.

Dans les vallées des affluents du Fleuve Congo dans la région du site d'Inga, on note une importante déforestation qui a quasi décimé les formations forestières comme le montrent la figure II.12 et la figure II.13 (empruntée, malheureusement, à « *International Rivers* », une ONG américaine qui mène des campagnes virulentes contre le Projet de Barrage Grand Inga sur le terrain au Congo et en Occident [18,19,39,49].

Fig. II.8. Végétation le long du Fleuve Congo au niveau du coude d'Inga. Source : Dr Bernard Yon[47]

Fig. II.9. Une vue d'une formation forestière secondaire dans la région d'Inga. Source : Crédit Photo : N. Kabongo, 2009[48].

Fig. II.10. Une vue d'une formation forestière secondaire dans la région d'Inga. Source : Crédit Photo : S. Tshibwabwa, 2019[49]

Ces zones à faible biomasse seront inondées lors de la construction du Barrage Grand Inga. Les études d'impact socio-environnemental recommandent leur défrichement avant mise sous-eau afin de diminuer les effets de leur décomposition[47] et répondre aux critiques des climato-alarmistes.

Fig. II.11. Une vue d'une autre formation forestière secondaire : Galerie forestière le long de la rivière Bundi. Photo prise à droite du petit pont, futur emplacement du barrage Inga 3. Source : Crédit Photo :S. Tshibwabwa, 24 nov. 2019.

Cependant, inondées ou non, ces formations forestières sont de toute façon condamnées à disparaître suite à la pression exercée par une démographie galopante qui utilise cette biomasse comme l'unique source d'énergie. À Mvuzi, Lubuaku, Lundu, (Fig. II.13, II.14) et partout ailleurs dans le Kongo Central, la majorité de la population utilise le bois ou le charbon de bois comme source d'énergie.

La figure II.14 ci-dessous délimite la zone d'environ 172 km^2 qui sera inondée et dont le pauvre couvert végétal sera touché. Comme on le constate, la collecte du bois de chauffe et « la coupe à blanc » des arbres pour fabriquer du charbon s'effectue au détriment de la forêt et réduit la biodiversité végétale. Cette situation n'est pas propre à la province du Kongo Central, elle concerne tout le pays. À titre d'exemple, les forêts péri-urbaines de la ville de Matadi et de la ville de Kinshasa ont disparu. Dans l'ex-province du Kasaï-Oriental, la ville de Mwene-Ditu (nom pouvant être littéralement traduit par « *Celui de la forêt* ») n'a plus rien de forêt que son nom, sa grande formation forestière ayant été décimée pour faire face à la grande demande en énergie due à la croissance démographique dans la ville même et dans la ville de Mbuji-Mayi. Dans la province du Katanga, la forêt typique de *Miombo* qui entourait cette ville n'existe plus pour les mêmes raisons.

Fig. II.12. Disparition de la galerie forestière le long de la rivière Bundi Photo prise à gauche du petit pont, futur emplacement du barrage d'Inga 3. Source : Crédit Photo : S. Tshibwabwa, 24 nov. 2019.

Ainsi, suite à cette surexploitation, de nombreuses essences végétales ont disparu dans les savanes de nombreuses provinces de la R.D. Congo. Leur disparition a entraîné aussi celle de certaines espèces de mammifères, d'oiseaux et même de chenilles qui contribuaient pour 40 % à l'apport en protéines animales. Dans le Kongo Central particulièrement, Paul Latham y avait inventorié 38 espèces différentes de chenilles comestibles dont 25 étaient identifiées scientifiquement (Planche 1). Cette grande biodiversité est fortement menacée de disparition si la population continue d'exploiter les arbres nourriciers[51].

Fig. II.13. Tas de bois pour satisfaire les besoins en énergie (Mvuzi, Bas-Congo). Source : Ange Asanzi[50]

Donc, la véritable menace de la grande biodiversité de l'écosystème terrestre dans la région du site d'Inga ne viendra pas des inondations consécutives à la construction du barrage Grand Inga.

Le danger vient plutôt de la grande pression exercée par la forte demande en énergie et en protéines animales. Mais aussi, comme déjà signalé ci-dessus, des compagnies pétrolières. Encore une fois, seule la mise en valeur du potentiel du site d'Inga permettra de sauver cette biodiversité mieux que ne le prétendent ceux qui s'y opposent, non pas seulement dans la région d'Inga, mais aussi partout au Congo et en Afrique.

2.4. Conclusion partielle

En guise de conclusion partielle à ce deuxième chapitre, nous reprenons ce résumé exprimé au point 2 ci-dessus. « *La majorité des arguments développés par les activistes-opposants au Projet Grand Inga, au lieu d'être purement scientifiques ou tout simplement objectifs, véhiculent plutôt une idéologie, celle de «maintenir le Continent Noir dans le noir». Ils sont de nature à porter atteinte à l'intégrité territoriale et à la souveraineté de la R.D. Congo…Comme on vient de le voir, certains arguments sont totalement erronés, ne correspondant à aucune réalité de terrain sur le site d'Inga, ils relèvent tout simplement d'une virulente campagne de désinformation massive. Certains autres sont tirés des études effectuées sur d'autres continents et appliqués au site d'Inga sans aucune réévaluation* in situ. *D'où le doute qu'ils suscitent auprès des Congolais et des Africains qui suivent ce dossier.*

Enfin, d'autres arguments, bien que fondés, sont intentionnellement exagérés face aux énormes bénéfices que les populations autochtones de la région d'Inga, toutes les populations de la R.D. Congo et de l'Afrique entière pourraient tirer de la mise en valeur de ce gigantesque potentiel énergétique ». Quelle leçon tirer des résultats de ces analyses ? Il faut, dans tous les grands projets de développement des pays d'Afrique, prendre avec un doute raisonnable les avis et conseils de certains « Experts autoproclamés » des questions africaines. Certaines études scientifiques, à cause des préjugés défavorables (voire racistes), ne sont pas scientifiquement neutres. Leurs affirmations ne peuvent être défendues ni par la même Science ni par la simple logique. Elles sont tout simplement politiquement orientées et, les exemples donnés ci-dessus le prouvent bien.

Pour le Congolais et l'Africain, le Barrage Grand Inga sera un facteur de :

- développement de la R.D. Congo et de toute l'Afrique ;

- cohésion et de stabilité nationale pour cette génération et les générations futures;

- stabilité dans la Région des Grands Lacs et dans toute l'Afrique

- lutte contre la déforestation et préservation de la biodiversité;

- création dans le Kongo Central d'un « Pôle national d'excellence en matière d'énergie hydroélectrique »;

- l'industrialisation de tout le pays et plus particulièrement de la province du Kongo Central. Enfin, le Barrage Grand Inga pourra en plus être une solution afrocentrée à la « crise éthiopienne du Gerd » qui pointe à l'horizon.

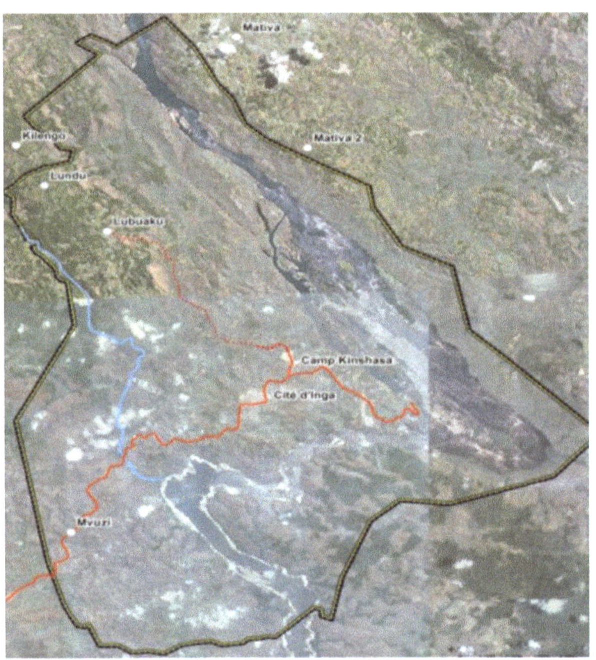

Fig. II.14. Carte montrant les villages et zones qui seront inondés par Grand Inga. Source : Dr Bernard Yon (*op. cit.*).

Et, « on n'est mieux servi que par soi-même », dit-on! Il est temps pour les décideurs africains de valoriser leurs propres élites.

2.5. Références bibliographiques

[1] **PNUD,** 2000. World energy assessment report. In http: //stone.undp.org/undpweb/ seed/wea/ pdfs/chapter1.pdf.

[2] **PNUD**, 2004. Abeeku Brew-Hammond & Anna Crole-Rees : Améliorer les conditions de vie en milieu rural par l'accès à l'énergie. Une revue de la plate-forme multifonctionnelle au Mali.

[3] **PNUD : Infrastructures et énergie**

http://www.cd.undp.org/siteonudossierspdf/INFRA.pdf.

[4] **Kayizzi-Mugerwa, Steve**, Chef Économiste et Vice-Président du Groupe de la BAD, nov. 2015. *In* http://www.cd.undp.org/content/rdc/fr/home/presscenter/articl es/2015/11/02/pauvret-et-in-galit-s-notre-conscience-collective-est-interpell-e-.html.

[5] **Union Africaine, Banque Africaine de Développement**, Fonds Africains de Développement et NEPAD. « *Programme pour le développement des infrastructures en Afrique* » (en sigle PIDA) : Interconnecter, Intégrer et Transformer un continent. *In* http: //www.afdb.org/fileadmin/uploads/afdb/Documents/

Project-and-Operations/PIDA.

[6] **Katshingu, K.R.,** 2015. Du miracle rwandais au paradoxe congolais (RDC). De la pauvreté à l'émergence économique. Coll. Études Africaines, Éd. L'Harmattan, Paris. 324 p.

[7] **https://sustainabledevelopment.un.org**/commitments_se4all.html ; http://www.un.org/en/ga/search/view_doc.asp?symbol=A/RE S/67/215.

[8] **Aide-Mémoire BAD-RDC**. Mission conjointe de Préparation du Projet d'Assistance Technique à la Mise en Valeur du Potentiel Hydroélectrique d'Inga et d'Appui au Développement de

l'Accès à l'Électricité. Du 08 au 16 Avril 2013. Signé le 08 mai 2013 à Kinshasa.

[9] **Taithe, A.,** 2012. Les enjeux et effets induits attendus des grands investissements énergétiques : Projets hydroélectriques. Observatoire des Grands Lacs en Afrique, note n°6, novembre 2012. Analyse publiée avec le soutien des organismes suivants : Délégation aux Affaires Stratégiques (DAS), Fondation pour la Recherche Stratégique et Institut Français de Recherche en Afrique (IFRA)/Nairobi.

[10] **Kapandji Kalala, B.,** 2014. Inga 3 au service de l'Afrique : Défis et Perspectives. Présentation à la 2e édition de la Conférence minière de la RDC à Goma. 21 diapositives.

[11] **Léon, A. et Porhel, R.,** 2012. La gestion de la multi-appartenance, une nécessité pour poursuivre la stratégie régionale dans l'Afrique des Grands Lacs. Observatoire des Grands Lacs en Afrique, note n°3, juin 2012. Analyse publiée avec le soutien des organismes suivants : Délégation aux Affaires Stratégiques (DAS), Fondation pour la Recherche Stratégique et Institut Français de Recherche en Afrique (IFRA)/Nairobi.

[12] **Chontanawat, Jaruwan, Lester C. Hunt and Richard Pierse**, 2008. « Does energy consumption cause economic Growth? Evidence from a systematic study of over 100 countries », *Journal of Policy Modelingé*, 2008.

[13] **Quoilin, S.,** 2008. Énergie et Développement : Quels enjeux ? Université de Liège. Institut des sciences humaines et sociales, Belgique.

[14] **Charles-Philippe, David** (Prof. D'études stratégiques, Université de Montréal). Point de vue sur l'avenir de l'Afrique. Lu sur les réseaux sociaux, 28 décembre 2019.

[15] **PNUD,** octobre 2014. Cadre d'accélération de l'objectif du Millénaire pour le Développement. http:/ /www.cd.undp.org

/content/dam/dem_rep_congo/docs/MDG/UNDP-CD-ODM-cadre-dacceleration-cible3.pdf.

[16] **Kankwenda Mbaya** et **Mukoka Nsenda** (eds), 2013. La République Démocratique du Congo face au complot de balkanisation et d'implosion, Kinshasa - Montréal-Washington : Ed. ICREDES.

[17] **Onana, C.,** 2009. Ces tueurs tutsis. Au cœur de la tragédie congolaise. Éd. Duboiris, Paris.

[18] **Sanyanga, R.,** 2014. Community Petition from the DRC Delivered to the World Bank. http:// www.internationalrivers.org/fr/blogs/266, 10/03/2014.

[19] **Bosshard, P., Sanyanga, R., Klemm, J., Carney, M., Wysham, D., Hayes, R., Orenstein, K., and Ben Collins**; December 20th 2013. « USAID Support for Grand Inga Phase A Project ». Letter to the Honorable John Kerry, Secretary of State, The State Department, Washington, D.C. www.internationalrivers.org.

[20] **Kongotimes.info,** 19 Février 2014. Victoire des ONG : Washington tourne le dos au projet Inga 3 en RDC. http://afrique.kongotimes.info/eco_tech/7284-victoire-ong-washington-tourne-dos-rdc-desengage-projet-inga-congres-americain.

[21] **Esuluebe Wamihanda, A.,** 2011. Problématique sur la balkanisation en RDC : vers le dévoilement de la vérité !/Le Potentiel, 10 octobre 2010. http://www.digitalcongo.net/article/78884.

[22] **Tshibwabwa, S.,** 2015. Together, we can stop the Ubangi Project – We need your support. *September 20th, 2015 :* http://www.desc-wondo.org.

[23] **Tshibwabwa, S.,** 2015. Afrique centrale : Pour plus de vision dans le dossier de Transfert des eaux du Bassin du Fleuve Congo au Lac Tchad. *Le Papyrus, Mensuel d'information sur la science et la technologie,* no 13, Sept. 2015 : pp. 4-12 et en ligne : http://www.desc-wondo.org ; http://www.assomar.org.

24 **Tshibwabwa, S.,** 2015. Le projet Transaqua : Antidote au terrorisme de Boko-Haram ou projet du moyen-âge ? En ligne : http://www.desc-wondo.org et http://www.assomar.org.

25 **Tshibwabwa, S.,** 2014. Transfert des eaux du bassin du Fleuve Congo au Lac Tchad : Éléments pour une prise de décision éclairée. En ligne : http:// www.desc-wondo.org ; www.LePhareonline et www.assomar. org.

26 **Boute-Mbamba, C.,** 2007. L'Oubangui, Le Lac Tchad et Nous – « Lettre ouverte à tous les Oubanguiens ». *In* http://www.sangonet.com/ActuDo/trib/LTD1_CBM.pdf).

27 **Boute-Mbamba, C.,** 2014. Oui, la rivière Oubangui peut disparaître. *In* http://afrique.kongotimes .info/ afrique/afrique _centrale/8738-oui-riviere-oubangui-peut-disparaitre-problematique.html.

28 **Tshibwabwa, S.,** 2015. Eau-Secours-Congo R.D. : Journée mondiale de l'Eau-2015. http:// www.desc-wondo.org.

29 **Likasi** : Des personnes infectées par l'eau polluée de la rivière Panda. *In* http: // www.congoindependant.com/ article.php? articleid=10607.

30 **PNUD,** Mars 2014. Inauguration du siège de la Cellule Technique d'Appui à la Décentralisation (CTAD). https://www.youtube.com/watch?v=POa_M2CAnjA.

31 **Yav Katshung, J.,** Juillet 2009. La « Décentralisation-Découpage » en R.D. Congo : Une tour de Babel ? Colibri http://joseyav.afrikblog.com/archives/2009/07/07/14319493.html.

32 **Plan-cadre des Nations Unies** pour l'Assistance au Développement - UNDAF 2013-2017. Congo-DRC-UNDAF-2013-2017-FR.pdf.

[32bis] **https://monusco.unmissions.org**/transcription-de-la-conf%C3%A9 rence-de-presse-one-un-en-rdc-le-7-avril-2021-%C3%A0-kinshasa.

[33] **http://www.un.org**/fr/peacekeeping/missions/monusco/ facts.shtml.

[34] **Misser, F.,** 2013. La saga d'Inga. Cahiers Africains n° 83. Musée royal de l'Afrique Centrale. Éd. L'Harmattan, Paris. 221 p.

[35] **Centre d'Études stratégiques de l'Afrique**. Grand barrage sur le Nil : Khartoum demande la médiation de l'ONU et de Washington. https://africacenter.org/fr/daily-media-review/revue-de-presse-du-16-mars-2021/; (consulté le 25 mars 2021).

[35bis] **Barrage de la Renaissance en Éthiopie** : tumulte sur le Nil. https://perspective.usherbrooke.ca/bilan/servlet/BMAnalyse ?codeAnalyse=3036 - 22 janvier 2021; (consulté le 25 mars 2021).

[36] **Mutahi, Basillioh**, « Pourquoi l'Égypte et l'Éthiopie se disputent le Nil?», BBC News, 08 novembre 2019, URL [hyperlien] consulté le 13/01/2021 ; (consulté le 25 mars 2021).

[37] **Un quartet international** dans le litige sur le barrage sur le Nil bleu. *In* https://fr.africanews.com/2021/03/03/un-quartet-international-dans-le-litige-sur-le-nil-bleu/; (consulté le 25 mars 2021).

[38] **Barrage sur le Nil** : Égypte et Soudan proposent à l'Éthiopie une médiation dirigée par la RDC. *In* https://afrique.le360.ma/autres-pays/politique/2021/03/02/ 33717-barrage-sur-le-nil-egypte-et-soudan-proposent-lethiopie-une-mediation-dirigee-par-la-rdc. ; (consulté le 25 mars 2021).

[39] **Barrage sur le Nil** : L'Éthiopie annonce qu'il sera totalement opérationnel dès 2023. *In* https://afrique.le360.ma/autres-pays/economie/2021/02/24-barrage-sur-le-nil-lethiopie-annonce; (consulté le 25 mars 2021).

[40] **Châtelot, C.,** 2015. Il faut un plan Marshall pour électrifier l'Afrique. Entretien à Libreville (Gabon) avec Jean-Louis Borloo, ancien

ministre de l'Écologie du gouvernement français. 03 Mars 2015. http://www.lemonde.fr/afrique/article/2015/03/03/il-faut-un-plan-marshall-pour-electrifier-l-afrique.

[41] **Lustgarten, Anders,** 2012. Le cauchemar de Conrad- Le plus grand barrage du monde et le cœur des ténèbres du développement. *Counter Balance.* Bruxelles, 27 p. *In* http://cadtm.org/Le-cauchemar-de-Conrad. Contact : anders@bankwatch.org.

[42] **Ribaux, S.,** 2016. La vérité n'est pas toujours facile à entendre. *In* http: //www.equiterre.org/choix-de-societe/blog/la-verite-n'est-pas-toujours-facile-a-entendre; 15 févr. 2016.

[43] http://www.internationalrivers.org/resources/civil-society- letter-calling-on-us-not-to- support-inga-3-dam-8197.

[44] **Bosshard, P.,** 2014. Le Fleuve Congo : une mort par mille coupures? Les lacunes du projet d'évaluation de l'impact environnemental des barrages INGA sur le fleuve Congo Document préparatoire. *International Rivers.*

[45] **Winemiller*, K.O. et al.,** 2016. *Balancing hydropower and biodiversity in the Amazon, Congo, and Mekong. Science, Vol. **351**, Issue **6269** :* 128-129 ; 08 Jan 2016.

[46] **Du Brulle, C.**, 2016. Les grands barrages hydroélectriques menacent la biodiversité. http://dailyscience.be/2016/01/11/les-grands-barrages-hydro-électriques-menacent-la-biodiversite ; http://www.aqueduc.info/Les-barrages-hydroelectriques ; http://www.defisdvm.com/blog/la-biodiversite-tropicale-sous-la-menace-des-barrages ; http://www.notre-planete.info/services/membres/noblok.php ; http://www.journaldelenvironnement.net/article/barrages-hydroélectriques-la-biodiversité-en-peril,65682 ; http://www.cms.int/fr/news/barrages-hydro%C3%A9lec triques-la-biodiversit%C3%A9-en- p%C3%A9ril ; etc.

[47] **Poll, M.,**1963. Zoogéographie ichtyologique du cours supérieur du Lualaba (Introduction à une zoogéographie ichthyologique causale du Katanga). *Publs Univ. Elisabethv.*, **6** : 95-106.

[48] **Poll, M.,**1973. Nombre et distribution géographique des poissons d'eau douce africains. *Bull. Mus. natn. Hist. nat.,* (3) **150** (6) : 113-128.

[49] **Roberts, T.R. & D. Stewart, 1976**. An ecological and systematic survey of fishes in the rapids of the Lower Zaire or Congo river. *Bulletin of the Museum of Comparative Zoology,* **147** (**6**) : 239-317.

[50] **Tshibwabwa, S.,** 1997. Systématique des espèces africaines du genre *Labeo* (Teleostei, Cyprinidae) dans les régions ichtyogéographiques de Basse-Guinée et du Congo. Vol. **1&2**. Thèse de doctorat. Presses Universitaires de Namur, 530 p.

[51] **Agence Écofin,** 2015. Inga, la solution pour éclairer (enfin) l'Afrique. http://www.agenceecofin.com/inga/2509-1421-inga-solution-pour-eclairer-enfin-l-afrique.

[52] **Yon, B.,** 2013. Atelier international de Présentation du Rapport de Faisabilité. Volume 4 : Étude d'Impact Environnemental et Social (EIES). Kinshasa-2013. *AECOM-RSW International & EDF.* Le Dr Bernard Yon est le Chef de Mission EIES chez Artelia Eau&Environnement, un bureau d'études français. Il avait mené les études d'impact environnemental et social du Projet Grand Inga en collaboration avec une équipe de Consultants congolais (Prof. J.M. Kinkela (Socio-économiste), Prof. S. Ifuta (Écologie Aquatique et Terrestre), Prof. D. Musibono (Qualité et Gestion de l'eau), A. Kikufi (Botaniste), Dr J.P. Olish et E. Mvika (Santé Publique), F. Mupwasa (Pêche continentale), le R.P. Benjamin (Diocèse de Luozi) et les délégués de la SNEL : Prof. Igr L. Kitoko et Th. Khumbi Nkiet (Coordinateur)).

[53] **Kabongo, Ndiadia**, 2009. Photo prise lors de la visite du site d'Inga, le 15 août 2009.

[54] **Tshibwabwa, S.,** 2019. Photo prise lors de la visite du site d'Inga, le dimanche, 24 novembre 2019, en compagnie de la délégation chinoise, sous la direction de S.E. Eustache Muhanzi Mubembe, Ministre d'État et Ministre des Ressources Hydrauliques et Électricité, M. Jean-Claude Kabongo, Conseiller Spécial du Chef de l'État chargé des Investissements et M. Jean-Bosco Kayombo, Directeur Général de la SNEL. Ciel nuageux.

[55] **Asanzi, A.,** 2014. What Future for Inga 3-Affected Communities? July 31th 2014. http://www.internationalrivers.org/fr/blogs/337. Ange Asanzi est Assistante au Programme Afrique de l'organisme *International Rivers*. Congolaise d'origine, elle est utilisée par cet organisme pour mener une campagne contre le Projet Inga sur le terrain à Kinshasa et dans le Bas-Congo.

[56] **Latham, P.,** 2008. Les chenilles comestibles et leurs plantes nourricières dans la province du Bas-Congo. Publication produite dans le cadre d'un projet subventionné partiellement par le Département pour le Développement International (*Department for International Development*) de Grande-Bretagne pour le bénéfice des pays en voie de développement. 44 p. Paul Latham est Officier de l'Armée du Salut, c'est à ce titre qu'il a travaillé dans une mission humanitaire auprès des fermiers dans les villages du Bas-Congo.

[57] http://www.statistiques-mondiales.com/afrique.htm.

CHAPITRE III.

BARRAGE GRAND INGA : DÉPLACEMENT ET RELOCALISATION DES POPULATIONS AUTOCHTONES

« Seul on va vite, ensemble, on va loin ! »
Anonyme, (Proverbe africain).

« Le bonheur ne s'acquiert ni ne se donne, chacun, avec son coeur, le construit à chaque instant de la vie.»
Anonyme, (Proverbe africain).

« Le grand succès des ennemis de l'Afrique, C'est d'avoir corrompu les Africains eux-mêmes. »
Frantz Fanon (1925 – 1961).

3.1. Introduction

Les bienfaits de l'énergie électrique ne sont plus à démontrer. Les effets de sa carence dans la société congolaise sont connus de tous, à l'exception de ceux qui, aveuglés par leur haine de voir la R.D. Congo accéder au rang de pays émergents ou développés, tentent, à coups d'argent et de mensonges savamment enrobés dans une buée d'empathie à l'endroit des populations autochtones, d'asseoir leur idéologie avec la complicité de certains fils et filles du Congo. L'intensité et la virulence des campagnes contre la construction du barrage Grand Inga ne peut s'expliquer que dans ce contexte. En effet, comment expliquer cette montée en Occident de l'opposition à la mise en valeur de ce site chaotique naturel unique au monde qui pourrait alimenter la R.D. Congo et l'Afrique tout entière en *énergie propre, non polluante, renouvelable et moins coûteuse comparativement aux autres filières de substitution et qui, en plus, serait un moyen de lutte contre le changement climatique, la déforestation massive et la pauvreté des populations ?* Cela voudrait-il dire que l'importance et l'intérêt déclarés pour les chutes d'Inga dans son historique ne comptent plus pour la génération occidentale actuelle ?

Les arguments soutenant le déplacement et la relocalisation des populations autochtones distillés dans les médias et dans certaines publications pseudo-scientifiques ne répondent à aucune logique : *ni logique écoenvironnementale, ni géopolitique, ni socio-économique ni même humanitaire*[1,2].

En Occident post-moderne, pour tout projet de mise en valeur du territoire, des ressources minérales et des ressources énergétiques, l'acceptabilité sociale est devenue une condition incontournable. Les promoteurs du projet, les investisseurs, la société civile et les groupes de pression semblent devenus des « *codécideurs* ». C'est la stratégie de « *coconstruction* », coûteuse en temps, en finances et en énergie pour les uns, et plus rentable pour les autres. Nous avons l'impression, à la lecture de leurs arguments, que tous les groupes occidentaux activistes-opposants au Projet de Barrage Grand Inga veulent imposer aux décideurs congolais l'observance stricte de ce concept d'acceptabilité[3,4], concept encore très difficile à définir même en Occident où les populations ont déjà atteint un degré suffisamment élevé d'instruction et de développement.

En effet, dans les sociétés occidentales d'aujourd'hui, le confort matériel, le niveau de vie élevé, les connaissances scientifiques très largement diffusées et vulgarisées, les connaissances très avancées sur les impacts des actions anthropiques sur l'environnement, le respect d'un certain équilibre entre les humains et la nature ont mené au concept nouveau de « *paradigme biocentrique* », pour lequel *l'environnement est au centre des préoccupations* lorsqu'il s'agit de la mise en valeur des ressources naturelles. Par contre, dans les sociétés africaines d'aujourd'hui, toutes ces choses manquent ou sont à l'état embryonnaire de telle sorte que c'est encore l'ancien « *paradigme anthropocentrique* » qui règne, paradigme selon lequel *les ressources naturelles doivent être utilisées pour le bien-être (plutôt pour la survie) de l'Homme.*

Étant donné cette situation, l'approche occidentale actuelle *(paradigme biocentrique)* ne devrait pas être imposée systématiquement à l'Afrique en général et à la R.D. Congo en particulier. Car, comme nous le verrons ci-dessous, il arrive parfois que, même en Occident, l'on privilégie les intérêts économiques pour le bien-être collectif sur la sauvegarde des intérêts particuliers des autochtones et sur les considérations biocentriques, environnementales.

3.2. Arguments sur le déplacement des communautés autochtones

Plusieurs arguments portant sur les populations autochtones de la région d'Inga, du Congo et de toute l'Afrique sont formulés dans la littérature et dans les médias. Nous n'allons pas les énumérer tous ici, les lecteurs intéressés pourront consulter les nombreuses références que nous donnons dans cet ouvrage. Cependant, ces arguments peuvent être résumés de la manière suivante :

« *Au vu de ce qui s'est passé avec les centrales Inga I et Inga II, l'électricité qui sera produite par le Grand Barrage d'Inga ne profitera pas à la population congolaise en général et aux autochtones en particulier. Elle sera vendue aux compagnies étrangères africaines voire européennes dont les besoins en énergie sont énormes. En plus, les habitants de la région d'Inga seront dépossédés de leurs terres et déplacés sans compensation.* »

En effet, les centrales hydroélectriques Inga 1 (1965-1971) et Inga 2 (1973-1982) avaient occasionné un déplacement des populations autochtones avec promesses d'indemnisation et relocalisation de la part du gouvernement de la deuxième République, un régime dictatorial soutenu par l'Occident dans sa guerre froide contre le communisme implanté au Congo-Brazzaville, en Angola et au Mozambique. Aucune promesse n'a jamais été honorée ni aucune dénonciation faite par ces mêmes Occidentaux. Nous-même avions visité à trois reprises la région d'Inga et notre constat nous avait laissés sans voix :

- Les habitants des villages affectés par l'érection de ces deux unités de production d'énergie électrique sont encore dans l'obscurité ;

- leur sommeil est à jamais perturbé par le bruit continu généré par les puissantes turbines ;

- leurs petites cases sont toujours en paille ;

- ils continuent de décimer les forêts environnantes pour produire du bois de chauffe (Fig. II.12) ou du charbon de bois et contribuent, malgré eux, à la destruction de la biodiversité (comme nous l'avons décrit au chapitre 2 de cet ouvrage) et à la pollution atmosphérique, dangereuse d'abord pour la santé des femmes qui ont traditionnellement en charge la préparation des repas pour leurs familles ;

- ils continuent à consommer l'eau des puits, non traitée ;

- il n'y a ni hôpitaux, ni écoles dignes de ce nom pour leurs enfants, etc.

La mise en valeur des chutes d'Inga est l'unique voie pour les sortir de l'obscurité et les amener à la modernité comme on va le voir ci-dessous.

3.3. Conséquences néfastes des campagnes des activistes-opposants au Projet de Barrage Grand Inga

Pendant près de 30 ans, aucune ONG ni institution scientifique occidentale n'avait osé dénoncer ces anomalies. Tous, par contre, ménageaient, au nom de leurs intérêts supérieurs, la sensibilité du Guide de la Révolution zaïroise, le Maréchal Mobutu, garde-fou à l'influence communiste. Aujourd'hui, la géopolitique ayant changé (fin de la guerre froide, mondialisation), certaines ONG et institutions scientifiques occidentales ont retrouvé leur droit à l'expression libre, à la critique et elles utilisent cet argument pour appuyer leur opposition au financement de la construction du Barrage Grand Inga. De ces ONG,

« *International Rivers* » demeure la plus virulente dans ses campagnes anti-Projet Grand Inga. Elle a envoyé plusieurs missions dans la région d'Inga, elle a instrumentalisé des filles et des fils de la province du Kongo Central pour asseoir ses campagnes et les a amenés à s'opposer aux investissements pour une énergie propre dans leur propre province. « *International Rivers* » a soutenu et accompagné à Washington un fils de la province, M. Jean-Marie Muanda, Directeur de l'ONG locale, « *Actions pour les Droits, l'Environnement et la Vie* », ADEV en sigle, pour déposer une pétition (*voir Annexe 1*) demandant l'arrêt de financement de Grand Inga par la Banque Mondiale (Fig. III.1). Le dépôt de cette pétition venait juste après la lettre adressée en décembre 2013 à M. John Kerry, Secrétaire d'État américain, avec copie au Dr. Rajiv Shah, Administrateur de l'USAID, par un conglomérat de huit personnes dont deux membres très actifs de l'ONG « *International Rivers* » pour demander au gouvernement américain de ne pas soutenir le financement du grand barrage d'Inga 3 par l'USAID[5]. Comme nous l'avons dit au chapitre 1, plusieurs ONG américaines ont fait pression sur le Congrès américain. Il s'agit des ONG suivantes :

- *International Rivers* ;

- *Bank Information Center* ;

- *Foundation Earth* ;

- *Friends of the Earth US* ;

- *Institute for Policy Studies* ;

- *Rainforest Action Network et,*

- *Friends of the Congo* (Sont-ils vraiment les « amis du Congo »?).

Suite aux pressions de ce lobby, en janvier 2014, le Congrès américain a adopté dans sa loi des finances une disposition qui stipulait que «*...la politique des États-Unis est de s'opposer à tout prêt, don, stratégie ou politique qui appuie la construction d'un grand barrage hydroélectrique* ». Environ deux années plus tard, ces ONG ont été appuyées par les surprenants et inquiétants résultats sur le plan scientifique d'une étude d'un groupe d'experts en biodiversité des poissons d'eaux douces et saumâtres du monde[7]. Les pressions de ce lobby ont atteint aussi la Banque Mondiale qui a arrêté son financement du Projet Inga 3[8], ce qui a déstabilisé le fonctionnement de l'Agence pour le Développement et la Promotion du Projet Grand Inga (ADPI) sur le terrain au Congo.

Fig. III.1.- Jean-Marie Muanda, directeur de l'ONG ADEV-Kongo Central, remettant une pétition à Mme Mieke van Ginneken, Administrateur à la Banque Mondiale à Washington. Source : Sanyanga, R., 2014[6].

3.4. Revendications des communautés autochtones

D'après un haut cadre de la Société nationale d'Électricité (SNEL), les chefs coutumiers de la région d'Inga ont été indemnisés en espèces par les autorités de la deuxième République lors de la construction des centrales hydroélectriques Inga 1 et 2. Les nouvelles revendications sont faites par leurs descendants qui ne reconnaissent pas les ententes scellées entre l'État et leurs Anciens. En toute honnêteté, nous devons reconnaitre que les gouvernements de la deuxième et troisième République ont manqué de vision en ce qui concerne la satisfaction des intérêts et des besoins des populations de la région d'Inga affectée par la construction de ces deux centrales hydroélectriques. Cependant, ce déficit ne peut pas être utilisé pour s'opposer systématiquement à la mise en valeur de ce potentiel énergétique énorme des chutes et rapides d'Inga (Fig. I.6).

Les communautés autochtones d'Inga qui seront affectées par la construction du barrage Inga 3 ont adressé une lettre aux Présidents J. Kabila (R.D. Congo) et J. Zuma (Afrique du Sud), avec copie à de nombreuses autres personnalités (*Cfr.* Annexe 1). Elles y énumèrent les motifs de leur opposition au Projet de Barrage Grand Inga dont l'atteinte à « *leurs lieux de culte, aux tombes de leurs anciens, aux villages à déplacer, aux champs* (notez qu'il n'y a pas de grandes fermes dans la région d'Inga (Fig. III.2 ci-dessous), *etc.* ».

Loin de nous l'idée de manquer de respect aux pratiques cultuelles et culturelles de nos compatriotes du Kongo Central, pratiques faisant partie de la riche diversité culturelle de notre pays (diversité que nous défendons dans d'autres écrits par ailleurs)[10]. Cependant, force est de constater que, lors de l'implantation des villes congolaises actuelles, le colonisateur belge avait dû négocier avec les rois de nos royaumes et empires l'occupation, la transformation et la mise en valeur des lieux dans toutes nos provinces. Imaginez un seul instant si nos ancêtres avaient eu les moyens de s'opposer systématiquement à ces transformations vers la modernité ! Quels types de paysages congolais aurions-nous aujourd'hui ?

Les lieux de culte et les tombes des anciens peuvent être déplacés et relocalisés, avec dignité, dans d'autres lieux pour les sauvegarder des inondations des terres consécutives à la mise en service du futur barrage Grand Inga. Ce genre de délocalisation/réinstallation a déjà eu lieu dans d'autres pays. Au Canada, dans la province du Québec, par exemple, le village des autochtones Algonquins et leur cimetière furent déplacés et relocalisés sur le chemin de la Pointe-à-David de la petite ville de Grand-Remous avant la mise en service du barrage Mercier.

En 1927, l'ancien village disparut sous les flots après la mise en service de ce barrage[11]. Il semble que l'on pourrait encore aujourd'hui apercevoir sous l'eau les maisons et le clocher de l'église de cet ancien village algonquin. Donc, pour l'intérêt collectif, la communauté algonquine et la majorité du peuple québécois avaient dû accepter la construction de ce barrage qui leur fournit de l'électricité et a permis un réel bien-être dans leurs villages actuels.

Fig. III.2. Type de champ rencontré dans la vallée de la rivière Bundi, à l'emplacement du futur barrage Inga 3. Source : Crédit Photo S. Tshibwabwa, novembre 2019.

Il n'y a jamais eu au Québec une opposition à la mise en service de ce barrage. Plus récemment, le géant québécois de l'hydroélectricité, Hydro-Québec, a entrepris en 2009 la construction de quatre barrages pour une puissance totale de 1 550 MW sur la rivière la Romaine au nord de la ville de Havre-St-Pierre sur la Côte-Nord. La superficie totale de ces quatre réservoirs est de 279 km^2[12]. En plus de déplacement des Innus, population autochtone dans cette partie du Québec, il y a eu une coupe à blanc du bois dans une forêt vierge d'épinettes pour préparer chacun des quatre réservoirs du complexe hydroélectrique et tracer le chemin des lignes de transport de l'électricité. Ce bois représentant des milliers de mètres-cubes est abandonné depuis plusieurs années à environ 100 km de l'embouchure de la rivière la Romaine (Fig. III.3)[13] L'électricité produite par ces quatre centrales sera principalement destinée au marché extérieur, c'est-à-dire, vendue aux USA. Pour la compagnie Hydro-Québec, « *en privilégiant l'hydroélectricité, une source d'énergie renouvelable, on répond aux besoins du présent tout en s'assurant de préserver le patrimoine environnemental et l'avenir énergétique des générations futures. L'entreprise s'inscrit ainsi dans l'esprit du développement durable, qui vise une intégration harmonieuse des dimensions économiques, sociales et environnementales du développement* ».

Pourquoi partageons-nous avec vous ces deux exemples ? Nous voulons juste montrer qu'à deux situations similaires, l'une, en Afrique (R.D. Congo), suscite une pluie de critiques négatives, des campagnes malveillantes (voire mensongères) en Occident, et l'autre, en Amérique du Nord (Canada), y bénéficie de la compréhension et des appuis, elle est même ignorée des Africains, plus particulièrement ceux qui sont instrumentalisés par les lobbies occidentaux dans le cas du Projet Grand Inga.

Aucune institution scientifique occidentale, aucun groupe d'activistes-opposants au Projet Grand Inga ni même la très virulente ONG « *International Rivers* » ne s'était levé pour s'opposer ou critiquer le projet de la mise en valeur du site de la rivière la Romaine. Ils n'ont jamais, comme dans le cas de Grand Inga, parlé de :

- « *mort en mille coupures* » de la rivière la Romaine avec ses quatre barrages ;

- ni de « *carnage environnemental* » provoqué par la percée à travers la forêt vierge nordique du chemin pour la ligne de transport d'électricité longue de près de 1500 km ;

- ni de « *l'importance écologique exceptionnelle* » que revêt cette forêt nordique canadienne avec une faune caractéristique (caribou, orignal, ours noir, castor, etc.) et une flore tout aussi caractéristique (épicéas noir, rouge et blanc) ;

- ni de « *poissons migrateurs de la rivière la Romaine* » tels que le saumon d'eau douce, le saumon atlantique et les truites, etc. ;

- ni, enfin, de « *mercure et des GES* » qu'engendreraient les quatre réservoirs.

Nous posons encore naïvement cette question : « *Pourquoi ces mêmes groupes, d'une seule voix, se sont-ils lancé dans une virulente campagne contre le Projet de Barrage Grand Inga ?* » A nos compatriotes qui soutiennent ces campagnes d'y répondre.

Fig. III.3 : Du bois abandonné près du chantier de la Romaine depuis plusieurs années. Source : Radio-Canada/Laurent Racine, *In* Panasuk, A.[13].

Il ne s'agit pas ici de plaider pour les gouvernants des régimes passés en R.D. Congo qui n'ont pas respecté leurs engagements envers les populations autochtones d'Inga. Nous voulons juste amener les gens à réfléchir sur les motifs réels des actions de ces activistes-opposants à un projet en amont de tous les projets de développement.

3.5. Production des brochures de campagne pour la population autochtone

L'ONG « *International Rivers* » est même allée plus loin dans son intox de la population locale en publiant un guide pour sensibiliser les communautés d'Inga à mieux défendre leurs droits intitulé : « *Les barrages africains, les fleuves et vos droits - Guide pour les communautés affectées par le barrage Inga 3* »[14]. Rappelons que le barrage Inga 3 n'existe pas encore, donc un projet ne peut pas déjà affecter les communautés autochtones ! Néanmoins, cet intéressant document d'une quarantaine de pages informe les communautés sur :

- les parties prenantes et acteurs impliqués ;

- les phases d'un projet de barrage ;

- les deux principales exigences pour protéger les droits et les intérêts communautaires, à savoir, l'accès à l'information et consultation et droit à la réinstallation et indemnisation ;

- la manière de déposer des plaintes en cas de non-respect des exigences susmentionnées par les promoteurs.

S'il est un intéressant document de vulgarisation en milieu rural, par contre, il pêche par trois grandes omissions et des références inappropriées :

1.- il ignore complètement les innombrables avantages pour les autochtones d'Inga, avantages qui vont découler de l'érection des centrales d'Inga 3 à Inga 8 ;

2.- il ignore complètement les lois du pays et les règlements de la province en ce qui concerne la gestion foncière du territoire ;

3.- il évite de parler de la déforestation actuelle sans cesse croissante à cause de la forte demande en énergie due à la démographie galopante. En outre, ce guide est exclusivement fondé non pas sur le Droit congolais en matière d'expropriation pour cause d'intérêt publique (*l'intérêt publique ayant priorité sur l'intérêt d'une petite communauté*) mais sur les normes de performance en matière de durabilité environnementale et sociale (*Cfr. Paradigme biocentrique* évoqué ci-dessus) de la Société Financière Internationale (SFI).

Ce que nos compatriotes doivent savoir, c'est que, quelle que soit la situation, ce sont les lois du pays qui s'appliquent. La norme 5 de la SFI sur laquelle se fonde le guide ne devrait servir que de guide pour minimiser les impacts environnementaux et sociaux. S'ils sauvent et protègent leurs champs, leurs lieux de culte selon les conseils de cette ONG, combien d'années mettront ces autochtones pour amener leur région à la modernité ?

3.6. Notre vision pour les populations autochtones qui seront affectées par Grand Inga

Deux groupes autochtones seront affectés par la construction de Grand Inga. On distingue dans la pétition (Annexe 1) et dans la plainte (Annexe 2) présentées par les populations de la région d'Inga les « *ayant-droits coutumiers* », et les « populations cohabitantes ». Les « *ayant-droits coutumiers* » comprennent les clans suivants : *Makhuku Vunda, Makhuku Manzi, Makhuku Futila, Ngimbi, Numbu et Mbenza.* Les autres autochtones qui vivent dans la même région sont constituées des populations des villages suivants : *Mvuzi 3, Lubuaku, Lundu, Kilengo, Kulu 1, Kulu 2, Kulu 3, Kimufu, Manzi, Yalala, Lufundi 1, Lufundi 2* ainsi que les habitants du camp Kinshasa, anciens ouvriers sur les chantiers des centrales Inga 1 et 2. Selon notre analyse, cette distinction introduite par les initiateurs de la dite plainte est vicieuse. La solution au problème d'indemnisation/relocalisation doit être prise globalement et collectivement comme nous allons le démontrer ci-dessous.

Nous sommes d'accord avec eux que le gouvernement de la *troisième* République (*qui a hérité des actifs et des passifs de la deuxième République et étant acteur n° 1 dans le Projet Grand Inga*), doit proposer des mesures respectueuses de délocalisation, réinstallation et indemnisation des populations dont les terres (villages, champs, lieux de culte, cimetières,...) disparaîtront sous les flots des eaux lors de la mise en service du barrage Inga 3 (Fig. II.12).

Des terres arables, de nouvelles sources d'eau potable, de nouveaux espaces pour installer de nouvelles cités ne manquent pas dans un rayon de 50 à 100 km du site d'Inga ni dans la province du Kongo-Central. En supposant que les populations autochtones d'Inga ont été correctement recensées, l'État congolais, selon l'article 58 de la Constitution[15], devrait envisager **une indemnisation en nature** pour tous :

- déplacer, après consultation, ces populations dans un rayon de 50 à 100 km des zones qui seront affectées par le barrage Grand Inga ;

- *à l'instar des anciennes cités minières du Katanga (Kipushi, Shituru, Kolwezi, Musonoie, etc.), l'État congolais devrait construire une cité moderne qui accueillerait toutes les populations autochtones déplacées des villages énumérés ci-dessus. Les maisons de cette cité resteront propriété de l'État congolais et les « ayant-droits coutumiers » ne pourront pas les revendre à des tiers. Par contre, ils pourront les céder uniquement à leurs descendances directes. L'électricité leur sera fournie à prix modique, symbolique et l'école primaire et secondaire sera gratuite pour leurs enfants (-suggestion aujourd'hui caduque après la mise en application par le Président Félix-Antoine Tshisekedi Tshilombo de l'Article 43, Alinéa 4 de la Constitution Nationale consacrant la gratuité de l'enseignement primaire public -); cette mégacité, que nous nommons déjà « **la Cité de l'Énergie d'Inga** », sera un véritable site touristique où ses concepteurs devront mettre en évidence « la puissance de l'électricité » en relation avec les centrales d'Inga (passage de l'obscurité à la lumière, de la brousse à la modernité, Fig. III.4) !) ;*

Fig. III.4.Type de maison dans un village de la région d'Inga.
Source. Crédit Photo: N. Kabongo, 2009 (*op. cit.*).

- *cette mégacité sera pourvue de toutes les infrastructures modernes : larges avenues éclairées, hôpital moderne de référence, écoles modernes (maternelle, primaires et secondaire), de l'eau courante, un grand marché moderne, un centre commercial ;*

- une grande route asphaltée à deux ou quatre voies reliant « la Cité de l'Énergie d'Inga » à la ville de Matadi et à l'Océan atlantique ;

- des hôtels pour accueillir des touristes aussi bien nationaux qu'étrangers.

Quels sont les avantages de la vision d'une mégacité de l'énergie ? La mégacité « *Cité de l'Énergie d'Inga* » présente les avantages suivants pour l'État congolais :

1.- créer une nouvelle entité économiquement viable en réunissant tous les hameaux actuels, malheureusement qualifiés de villages (Makhuku Vunda, Makhuku Manzi, Makhuku Futila, Ngimbi, Numbu, Mvuzi 3, Lubuaku, Lundu, Kilengo, Kulu 1, Kulu 2, etc.), dispersés dans la savane, isolés les uns des autres depuis des lustres, abandonnés à eux-mêmes et sans avenir. Cette nouvelle entité sera créée en prévision du développement des ports de Banana, Boma et Matadi et de la création dans le Kongo Central de nouvelles entreprises consommatrices de l'énergie électrique qui sera produite par Grand Inga. En effet, dans le chapitre 2, nous disions exactement ceci ; *« Grand Inga sera un facteur d'industrialisation de tout le pays et plus particulièrement de la province du Kongo Central. L'État congolais devra relancer les anciens projets tels que la production de l'aluminium, la production d'engrais, la production de l'hydrogène (utilisé comme carburant ou vecteur d'énergie dans les voitures de demain), le développement et la modernisation des ports de Banana, Boma et Matadi, une usine d'enrichissement de l'uranium du Katanga, etc. »* ;

2.- décongestionner et moderniser la ville de Matadi (Fig. III.5) afin de lui donner une nouvelle dimension qu'elle mérite en tant que ville historique du pays ;

3.- créer dans la région d'Inga un « *Pôle national d'Excellence en matière d'énergie hydroélectrique »*. En effet, le site d'Inga réunira en un même endroit un grand nombre d'ingénieurs et autres experts dans divers domaines liés à l'exploitation d'un complexe de centrales hydroélectriques. Ce pôle sera soutenu par la création de *l'Université nationale d'Inga (UNINGA),* dont la principale mission sera la formation des ingénieurs, des scientifiques et des techniciens énergéticiens de très haut niveau, destinés à la recherche, l'innovation et le développement dans le domaine des énergies.

Fig. III.5. Ville de Matadi, vue du Belvédère.
Source. Crédit Photo: N. Kabongo, 2009 (*op. cit.*).

Les autres filières de formation devront cibler tous les autres aspects pratiques liés à l'exploitation du site d'Inga, notamment la gestion du réservoir, l'hydrobiologie, l'écosystème fluvial, l'écosystème terrestre, etc. La dette des barrages d'Inga étant nationale, cette université recevra tous les jeunes gens de toutes nos provinces qui se seront distingués au secondaire (*unique critère de sélection : Compétence*) et qui souhaiteraient faire des études dans le domaine des énergies (renouvelables). Cette université viendrait lever ce malheureux paradoxe qui caractérise notre pays et qui n'a que trop duré : « *grande potentialité en énergie mais 97 % de la population vivant dans l'obscurité* » ;

4.- préparer un espace qui va accueillir une grande gare multimodale moderne, avec une double voie ferrée pour TGV qui relierait Kinshasa à l'Océan Atlantique (Muanda, Banana) et les autres coins du pays (Fig. III.6);

5.- ces populations entreraient ainsi dans l'ère moderne, passant de l'obscurité à la lumière, du bois ou charbon de bois à l'utilisation de l'énergie électrique, des guérisseurs traditionnels à des soins médicaux de qualité dans un hôpital moderne de référence, des hangars en chaume aux infrastructures modernes d'enseignement primaire, secondaire, supérieur et universitaire.

3.7. Notre vision pour les autres populations congolaises

Autant le Président Mobutu a été visionnaire en lançant les travaux des centrales Inga 1 et Inga 2, autant il a été un mauvais gestionnaire dans le dossier de la distribution de la grande quantité d'énergie produite par ces deux centrales hydroélectriques. Pour des raisons de règlement de compte à ses opposants politiques et de vengeance malsaine, il a empêché le soutirage de l'énergie électrique de la ligne Inga-Shaba (Katanga) pour électrifier les provinces de Bandundu, du Kasaï-Oriental et du Kasaï-Occidental, provinces traversées par cette ligne. Et plus pathétique, il s'est opposé à l'électrification de tout le Kongo Central. Il mourut et légua une grosse dette à tous les Congolais.

Les gouvernants de la troisième République (Kabila-père et Kabila-fils) semblent n'avoir pas pu convaincre leurs partenaires dans le dossier Grand Barrage d'Inga de la nécessité impérative et de leur obligation de fournir de l'électricité à l'ensemble de la population congolaise afin de relancer tous les programmes de développement du pays. D'où l'agitation de nos compatriotes autochtones d'Inga et la malveillance des groupes d'activistes-opposants au Projet Grand Inga.

Voici ci-dessous notre vision pour utiliser l'énergie électrique qui sera produite par Grand Inga. Les lignes de transport d'électricité partiront d'Inga à chaque chef-lieu de province et chaque district. Le long de ces lignes, on construira des autoroutes et des voies ferrées à double voie pour trains à grande vitesse (TGV) et on installera la fibre optique pour faciliter les télécommunications (Fig. III.6). Ainsi, toutes nos provinces seront reliées les unes aux autres et sortiront de l'obscurité et de l'enclavement économique dans lesquels le colonisateur puis les gouvernants de la première, deuxième et troisième République les ont confinées pour participer au grand marché économique intérieur qui pointe à l'horizon dans une vingtaine d'années (près de 100 millions de consommateurs !)

La fourniture d'une manière continue d'une énergie électrique stable et à bon marché va stimuler dans toutes les provinces les investisseurs nationaux et étrangers à créer des entreprises, donc à créer un très grand nombre d'emplois pour remettre les jeunes au travail.

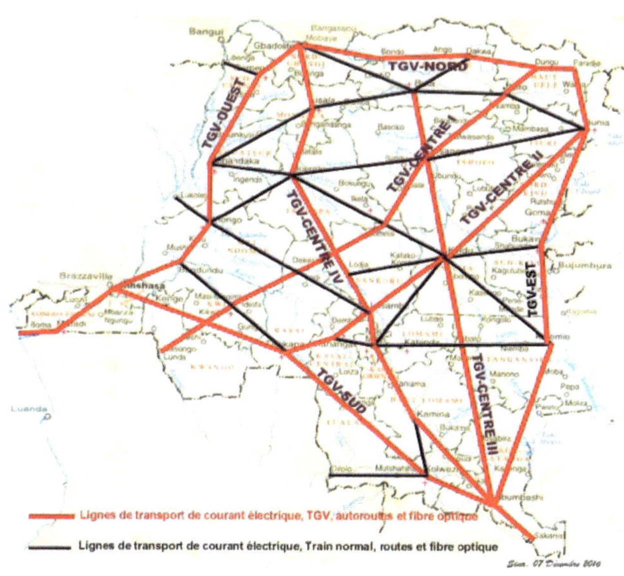

Fig. III.6. Projets prioritaires, futurs consommateurs de l'électricité du Grand Inga.

La voie ferrée à TGV permettra un développement extraordinaire du tourisme (secteur aujourd'hui négligé) aussi bien à l'intérieur du pays (différents parcs nationaux et paysages de notre territoire) qu'à l'Océan Atlantique. Un tel réseau permettra à tous les Congolais de connaitre réellement l'étendue, la beauté, la diversité culturelle, la diversité des ressources naturelles et l'importance de leur pays. Enfin, ce réseau viendrait combler un des grands handicaps des politiciens et de l'élite congolais : « *ils ne connaissent du Congo que leur province d'origine ou le lieu où ils ont grandi* »[16,10]. D'où leur incapacité à formuler, depuis l'indépendance du Congo jusqu'à ces jours, des programmes de développement tenant compte des besoins réels de leurs populations.

3.8. Conclusion partielle

L'argument portant sur le déplacement des communautés locales, quoique fondé, est très largement exagéré car les activistes-opposants au Projet Grand Inga ne tiennent pas compte des réalités locales. Le dossier de déplacement/indemnisation/réinstallation des populations de la région d'Inga a fait couler beaucoup d'encre depuis l'époque coloniale jusqu'à ces jours, il suffirait, pour s'en rendre compte, de lire les archives des « *ayants-droits coutumiers* » de la région d'Inga. L'indemnisation en espèces n'est pas à privilégier comme suggéré dans leurs lettres, car généralement les indemnisés dépensent l'argent reçu dans l'achat des biens matériels périssables pour satisfaire des besoins immédiats et continuent à endurer les médiocres conditions de vie pour lesquelles ils ont été indemnisés. L'exemple des populations de Kapolowe, un village du Katanga, dont les sols et les eaux ont été pollués par une entreprise minière locale n'ont plus aujourd'hui que leurs yeux pour pleurer après avoir dépensé les 500 $ d'indemnisation[17].

C'est pourquoi notre vision aussi bien pour les autochtones de la région d'Inga (sans distinction) que pour toute la population congolaise est la meilleure solution qui mérite d'être vulgarisée auprès de la population. Elle a le mérite de s'intégrer dans le Plan national de Développement de notre pays. Dans son dernier discours sur l'état de la Nation, le Président de la République et Chef de l'État, M. F.A. Tshisekedi Tshilombo a dit en ce qui concerne les infrastructures : «...*Tout se tient et obéit à des synergies de groupes connectés entre eux. C'est pourquoi le développement du tourisme va de pair avec la construction des infrastructures socio-économiques...J'encourage le Gouvernement à parachever la construction de la route nationale numéro 1, du Kongo Central jusque dans le haut Katanga. Elle va relier au moins onze provinces : Kongo Central, Kinshasa, Kwilu, Kwango, Kasaï, Kasaï Central, Kasaï Oriental, Lomami, Haut-Lomami, Lualaba et Haut Katanga...*»[18]. C'est à l'élite congolaise de se projeter dans le futur en élaborant des projets ambitieux pour le XXIe siècle.

Quant aux activistes-opposants au Projet de barrage Grand Inga, ils doivent désormais savoir qu'« *il n'est plus question de parler du Congo sans le Congo* »[18], nous les invitons, comme Misser[2] l'avait écrit dans son livre « *La saga d'Inga* » à évaluer, en toute honnêteté scientifique, les « **coûts de non-Grand Inga** » par rapport aux « **coûts réels de Grand Inga** ». Nous les invitons aussi à cesser cette politique de « *deux poids deux mesures* » (Cas des barrages de la rivière la Romaine dans la province du Québec au Canada). Car les Congolais ne comprennent pas pourquoi ces groupes s'acharnent à nuire à un projet qui pourra, tant soit peu, améliorer le niveau de vie de la majorité des Africains, sauver des milliers de personnes, augmenter le niveau de connaissances, sauvegarder l'environnement, baisser la forte pression sur l'exploitation des ressources naturelles, notamment la grande forêt tropicale humide, véritable poumon de l'humanité et puit à carbone. Ce barrage serait un excellent outil de lutte contre la déforestation sans cesse croissante et un formidable instrument de lutte contre le changement climatique[2]. Cette virulente opposition fait dire aux climato-sceptiques africains qu'il y aurait anguille sous roche, les véritables enjeux du changement climatique ne seraient peut-être pas ceux que l'on véhicule dans les médias. Enfin, Grand Inga serait, hors de tout doute raisonnable, un efficace moyen de lutte contre la « bombe démographique africaine » qui, si elle n'est pas contenue sur le continent d'ici 2030, va envahir les pays occidentaux sans distinction.

3.9. Références bibliographiques

[1] **Tshibwabwa, S.,** 2016. Barrage Grand Inga : son avenir est-il compromis ? Partie 2 : Inventaire, Analyse et Réfutation des Arguments de ses Opposants. *In* http://www.desc-wondo.org.

[2] **Misser, F.,** 2013. La saga d'Inga. Cahiers Africains n⁰ **83**. Musée royal de l'Afrique Centrale et L'Harmattan, Paris; 221 p.

[3] **Yelle, V.,** 2014. Acceptabilité sociale. *In* http://www.ledevoir.com/politique/quebec/465467/l-acceptabilite-sociale-un-concept-cynique et *in* http ://laforetacoeur.ca/blog/acceptabilite-sociale-definition-concept-aspects-relies-processus-jugement-individuel-partie-a/.

[4] **Stankey** and **Shindler,** 2006. Formation of social acceptability judgments and their implications for management of rare and little-known species. *Conservation Biology, Vol. **20**, n⁰ **1*** : 28-37.

[5] **Peter Bosshard, Rudo Sanyanga *et al.*,** 2013. Lettre à John Kerry, Secrétaire d'État Américain. https://www.internationalrivers.org/sites/default/files/attachedfiles/inga_3_civil_society_letter_201213.pdf.

[6] **Sanyanga, R.,** Mars 2014. *In* http://www. internationalrivers. org/fr/blogs/266.

[7] **Winemiller*, K.O. *et al*.,** 2016. *Balancing hydropower and biodiversity in the Amazon, Congo, and Mekong. Science,* Vol. **351**, Issue **6269** : 128-129; 08 Jan 2016.

[8] **Congo Research Group et Resource Matters**, Octobre 2019. Inga III : Un projet gardé dans l'ombre. Comment le contrat du plus gros site hydroélectrique au monde se négocie à huis clos. 33 p.

[9] **Kapandji Kalala, B.,** 2014. Inga 3 au service de l'Afrique : Défis et Perspectives. Présentation à la 2ᵉ édition de la Conférence minière de la RDC à Goma. 21 diapositives.

[10] **Tshibwabwa, S.,** 2016. *Les Scientifiques congolais et La Remise en question de Mabika Kalanda. In* Tshisungu wa Tshisungu, J. (*eds*). De la décolonisation mentale. Mabika Kalanda et le XXIe siècle congolais. Éd. Glopro : 107-130.

[11] **http://www.grandremous.ca**/fr/histoire_de_grand-remous.shtml.

[12] **Hydro-Québec Production**, 2008. Complexe de la Romaine. Résumé de l'étude d'impact sur l'environnement, 119 p.

[13] **Panasuk, A.,** 2016. Dossier Enquête sur le chantier de la Romaine, Novembre 2016. *In* http://ici.radio-canada.ca/nouvelle/1001805/gaspillage-de-la-foret-quebecoise-au-chantier-de-la-romaine.

[14] **Sanyanga, R., Kirk Herbertson, J.D. et Lien De Brouckere, BA**. Les barrages africains, les fleuves et vos droits. Guide pour les communautés affectées par le barrage Inga 3. Programme international de développement durable de la faculté de droit, Université de Washington. Ed. *International Rivers. People-Water-Life.*

[15] **Article 58 de la Constitution** : Tous les Congolais ont le droit de jouir des richesses nationales. L'État a le devoir de les redistribuer équitablement et de garantir le droit au développement.

[16] **Mabika Kalanda**, 1965. La remise en question. Base de la décolonisation mentale. Éd. « Remarques africaines », *Collection Études congolaises, no 14*. Bruxelles, 205 p.

[17] **Tshibwabwa, S, 2015**. Eau-Secours-Congo R.D. : Journée mondiale de l'eau-2015. *In* www.desc-wondo.org et http://www.assomar.org/2015/04/eau-secours/

[18] **Tshisekedi Tshilombo, F.-A**., Président de la République et Chef de l'État. Premier discours prononcé au Congrès sur l'état de la Nation. Vendredi, 13 décembre 2019.

3.10. Annexe 1 : Pétition des Communautés locales qui seront affectées par le Barrage Inga 3.

A l'attention de :
- Son Excellence Joseph Kabila, Président de la République Démocratique du Congo à Kinshasa ;
- Son Excellence Jacob Zuma, Président de la République Sud-Africaine à Pretoria ;
- Le Président du Groupe de la Banque mondiale, Dr Jim Yong Kim ; à Washington ;
- Son Excellence Monsieur le Président du Senat de la RD Congo à Kinshasa;
- Son Excellence Monsieur le Président de l'Assemblée Nationale de la RD Congo à Kinshasa ;
- Son Excellence Monsieur le Premier Ministre, Chef du Gouvernement de la RD Congo à Kinshasa ;
- Excellence Monsieur le Ministre des Ressources Hydrauliques et Électricité à Kinshasa ;
- Excellence Madame la Ministre de la Justice et Garde des sceaux de la RD Congo à Kinshasa ;
- Excellence Monsieur le Ministre de l'Environnement, Conservation de la Nature et Tourisme à Kinshasa ;
- Son Excellence Monsieur le Président de l'Assemblée Provinciale du Bas-Congo à Matadi ;
- Son Excellence Monsieur le Gouverneur de Province du Bas-Congo ; à Matadi ;
- Monsieur le Président du Conseil d'Administration du groupe de la Banque Mondiale à Washington ;
- Monsieur le Président du Conseil d'administration du Groupe de la Banque Africaine de Développement à Tunis ;
- Monsieur le Président de l'Union Européenne à Bruxelles ;
- Monsieur Le Président du Comité des Nations-Unies des Droits de l'Homme à Genève ;
- Madame la Présidente de la Commission Africaine des Droits de l'Homme et des Peuples à Banjul/Gambie;
- Monsieur l'Administrateur de Territoire de Seke Banza à Seke Banza ;

- Messieurs les Chefs de Secteurs de Lufu et Isangila à Nsanda et Isangila ;
- Monsieur le Chef de la Cité d'Inga à Inga ;
- Monsieur l'Administrateur Directeur Général de la Société Nationale d'Electricité (SNEL) à Kinshasa ;
- Monsieur le Directeur Provincial du Bas-Congo de la Société National d'Electricité (SNEL) à Matadi ;
- Leurs Excellences, Mesdames et Messieurs,

Nous, populations et ayant droits coutumiers (Clans Makhuku Vunda, Makhuku Manzi, Makhuku Futila, Ngimbi, Numbu et Mbenza) d'Inga habitants du Camps Kinshasa et des villages Mvuzi 3, Lubuaku, Lundu, Kilengo, Kulu 1, Kulu 2, Kulu 3, Kimufu, Manzi, Yalala, Lufundi 1, Lufundi 2 ;

En vertu de l'article 27 de la Constitution de la République Démocratique du Congo et de ses autres dispositions garantissant les droits et libertés fondamentaux de tous les citoyens congolais sans distinction aucune, venons vous présenter collectivement notre pétition relative aux impacts sociaux et environnementaux du projet de construction du Barrage Inga 3.

Exposé des motifs :

Grace à l'accompagnement de l'ONG Actions pour les Droits, l'Environnement et la Vie, ADEV, les populations et ayant droits coutumiers d'Inga sont informés de l'évolution du projet de construction du Barrage Inga 3. Depuis le 9 Octobre 2013, il a été mis en place un comité local inclusif réunissant à la fois les populations et les ayants droits coutumiers locaux. Ce comité dénommé : « Convergence pour les Droits et Intérêts des populations affectées par les Barrages d'Inga, CODICLI en sigle » se détermine, en tant que porte-parole des populations concernées, à l'avant-garde de l'engagement positif pour la défense des communautés locales quant à leurs droits et intérêts qui seront frappés par les activités de construction du Barrage Inga 3. Tout en soutenant les efforts du Gouvernement pour la réalisation des initiatives visant le développement de la République Démocratique du Congo, les populations et ayant droits coutumiers d'Inga sont néanmoins vivement préoccupés par les impacts sociaux et environnementaux du barrage Inga 3 qui constituent les motifs de la présente pétition.

Des antécédents encore pendants :

L'acquisition du site d'Inga fait encore aujourd'hui l'objet de grandes inquiétudes quant aux droits des chefs des terres coutumiers qui doivent être résolues avant d'aborder la question d'Inga 3 avec les ayant droits de six clans locaux. Cette situation est d'autant plus préoccupante qu'elle touche par exemple directement à la survie des membres du clan Makhuku Futila qui ne dispose plus de terre pour son existence en tant que groupe social et en tant qu'une identité culturelle jouissant de ses pleins droits. Nous condamnons donc avec la dernière énergie toutes les manœuvres ou montages de mauvais goût visant à considérer l'acquisition de la concession de la SNEL à Inga comme dossier clos et restons vigilants quant à ce. Les ayant droits coutumiers de six clans concernés croient fermement qu'en tant qu'identité culturelle, leurs communautés ont le plein droit de disposer d'un espace de vie et des moyens d'existence sur les terres de leurs ancêtres. Ils s'insurgent d'avance contre toutes les manœuvres visant leur déracinement et la destruction totale de leur existence en tant qu'être humain nantis des droits.

De la délocalisation des populations et des impacts environnementaux du Barrage Inga 3 :

Nous sommes très préoccupés par certaines affirmations contenues dans les Termes de Référence sur : « Le Plan d'Action de Réinstallation (PAR) des populations du Camp Kinshasa et des Villages situés dans la concession de la Société Nationale d'Électricité (SNEL) à Inga », particulièrement celles qui citent uniquement 5 villages qui feront l'objet de délocalisation. Tout en reconnaissant que ces communautés seront frappées de plein fouet, nous attirons néanmoins votre particulière attention sur le fait que l'inondation de la vallée de la Bundi qui constitue le réservoir agricole pour un grand nombre des populations de la région entrainera des impacts colossaux et des effets collatéraux sur l'environnement en général avec pour conséquence immédiate la destruction inéluctable des moyens de subsistance des communautés locales affectées. Les communautés locales s'opposent fermement à la délocalisation et la considèrent comme une manœuvre visant à perpétrer une destruction programmée des populations étant donné ses impacts désastreux sur leurs moyens d'existence et le déracinement qui aboutira certainement à la perte de leur identité culturelle et sociale. Ceci est inacceptable. Des villages entiers notamment le village Kimufu dépendant également de la vallée de la Bundi en tant que vivier du terroir seront également touchés. Également les rivières Mumbazi, Makongo, Tusenga, Batsimba et Makhuku qui alimentent la rivière Bundi seront submergées par l'inondation de la vallée sans oublier la biodiversité de la zone qui compte notamment une faune particulière des buffles et des grands singes (Chimpanzés). La zone qui sera inondée abrite également des sites sacrés qui constituent des valeurs culturelles des communautés locales. Des villages (Yalala, Lufundi 1, Lufundi 2, Ntombo et Sombo) situés en aval du site du Barrage Inga 3 subiront des impacts sur la biodiversité aquatique du fleuve Congo, ce qui affectera immanquablement la pêche qui constitue leur principal moyen de survie. Il sied de signaler aussi que les chutes de Yalala sur le fleuve Congo, outre leur attrait et importance touristiques, abritent une ile qui est dans toute la Province du Bas-Congo, un site unique de ponte pour une espèce de grand oiseau marin et migrateur.

De la consultation des communautés locales :

Les communautés locales qui seront affectées par les activités de construction du Barrage Inga 3 doivent être consultées dans la manière définie par les communautés locales à un endroit de leur choix, avec un préavis suffisant, des interprètes et des discussions sur leurs préoccupations. Les communautés locales devraient ainsi participer activement à tout le processus de mise en œuvre du projet Inga 3. Leur consentement Libre et éclairé devrait être la règle dans toutes les démarches de consultation. Nous dénonçons et rejetons d'avance toute tentative ou manœuvre visant à imposer aux communautés locales ou à soutenir de manière explicite ou tacite une ligne de conduite ne garantissant pas les droits des populations qui seront affectées.

De l'implication de la Banque Mondiale (BM) et de la Banque Africaine de Développement (BAD) :

Nous savons que le projet Inga 3 a émergé de l'étude de préfaisabilité puis de l'étude de faisabilité financée par la BAD. Cette étude affirme notamment que ce gigantesque projet d'Inga 3 n'affectera aucune habitation et n'entrainera aucun déplacement involontaire des populations alors même que le financement que la Banque mondiale vient d'accorder récemment au Gouvernement congolais pour l'assistance technique au développement du méga projet hydroélectrique Inga 3 sera renforcé par un autre financement de la BAD. En définitive ce financement cumulé servira certainement à financer des Études dont les Termes de référence de certaines d'entre elles produites par La Cellule de Gestion du Projet Inga 3 (CGI 3) du Ministère des Ressources hydrauliques et Électricité de la RD Congo reconnaissent la délocalisation et la réinstallation des populations. Nous invitons la Banque mondiale et la Banque Africaine de développement à veiller particulièrement à ce que leurs financements ne servent pas à briser une population déjà meurtrie par la pauvreté et dont les seuls moyens de vivre sont âprement menacés par le projet Inga 3. Les droits et intérêts des populations affectées doivent être respectés scrupuleusement. La Banque Mondiale et la Banque Africaine de Développement doivent s'en tenir impérativement à leurs politiques et procédures internes de sauvegarde des droits humains et des questions environnementales en lien avec les projets qu'elles financent.

Considérant la pertinence et la sensibilité de nos différentes préoccupations clairement indiquées ci-haut :

NOUS AFFIRMONS notre volonté de déléguer à l'ONG ADEV le mandat de nous représenter et de nous accompagner valablement sur toutes les questions concernant nos droits et intérêts en lien avec les travaux de réalisation du projet Inga 3 et les autres barrages comme Inga 4, etc.

NOUS DEMANDONS :

1. Qu'une Étude d'impact Environnemental et social indépendante soit menée afin de déterminer avec exactitude l'étendue réelle des impacts qui seront générés par le Projet Inga 3 en particulier et le Projet Grand Inga en général. Cette étude devra connaitre une large participation des communautés locales concernées et de la société civile ;
2. La mise en place d'une commission devant statuer définitivement et justement sur le conflit inachevé entre les ayant droits coutumiers d'Inga et la Société Nationale d'Électricité en lien avec l'acquisition de la concession SNEL à Inga ;
3. La facilitation de la cartographie participative des terres coutumières des communautés locales qui seront affectées par les activités du Projet Inga 3 ;
4. La facilitation d'un inventaire exhaustif de tous les intérêts matériels et immatériels des populations qui seront affectées par les activités de construction du Barrage Inga 3 ;

5. La délimitation participative de la concession supposée de la SNEL afin d'en déterminer les limites exactes. Ce travail devra connaitre l'implication des ayant droits coutumiers de six clans concernés par l'acquisition du site d'Inga et des personnes ressources susceptibles de contribuer à sa réalisation efficiente;

6. L'élaboration et l'application consensuelle d'un protocole de consultation des communautés locales concernées que le développeur et tous les consultants devront suivre ;

7. La négociation et conclusion d'une entente qui garantit qu'un pourcentage consensuel sur les bénéfices nets produits par Inga 3 soit alloué annuellement et pendant toute la durée de vie du Projet Grand Inga aux ayant droits coutumiers de six clans concernés par l'acquisition du site d'Inga (Makhuku Vunda, Makhuku Manzi, Makhuku Futila, Ngimbi, Numbu et Mbenza) pour favoriser leur développement à long terme. Ce fonds devra contribuer également au développement local durable ;

8. La création dans la concession SNEL d'une enclave pour le Clan Makhuku Futila qui ne dispose plus de terre pour assurer la survie de ses membres et l'affirmation de son identité culturelle ;

9. Que soit effectuée dans le strict respect des droits et intérêts des populations affectées individuellement et collectivement une juste réparation pour tous les préjudices qu'elles auront à subir. Ces réparations concernent également les populations des communautés locales en aval du site d'Inga 3 et celles qui verront leurs moyens de subsistance indirectement touchés par les impacts des activités de construction du barrage Inga 3 ;

10. Que le développeur qui sera désigné pour la construction de tous les ouvrages du Barrage Inga 3 soit dénué de tout soupçon de corruption et que son passé de constructeur éprouvé ne soit pas entaché de violation des droits humains ailleurs dans le monde ;

11. Que, Conformément aux droits humains et à la législation congolaise en vigueur, toutes les réparations légitimes relatives aux différents préjudices que subiront les communautés locales puissent s'appuyer sur l'inventaire exhaustif et impartial de tous les intérêts matériels et immatériels des populations qui seront affectées par les activités de construction du Barrage Inga 3. Un cahier des charges sera produit à cet effet par CODICLI ;

12. Que notre accompagnement par l'ONG ADEV soit permanent tout au long de ce processus de mise en œuvre du Projet Inga 3, étape par étape, afin de nous renforcer continuellement et contribuer ainsi efficacement au respect de nos droits humains menacés par le projet Inga 3

13. Une réunion au cours du prochain mois avec la participation de toutes les parties prenantes et les services d'un médiateur pour faciliter la discussion afin que la SNEL, les autres responsables du gouvernement, la Banque Mondiale et la Banque africaine de Développement viennent écouter les préoccupations des communautés et ensuite discuter de leurs demandes et de leurs préoccupations.

Fait à Inga, le 10 Mai 2014

(Lire cette pétition en ligne : https://www.internationalrivers. org/sites/default/files/attached-files/petition_codicli_2014_french_.pdf))

3.11. Annexe 2 : Plainte des communautés d'Inga adressée au Gouverneur du Bas-Congo

Mardi, 5 Février 2008

Votre Excellence, Monsieur le Gouverneur du Bas-Congo,

En notre qualité d'un des ayants-droit et mandataire de tous les autres ayants-droit fonciers et coutumiers des terres d'Inga, nous avons l'honneur de vous présenter nos plaintes consécutives à l'expropriation de nos terres par la Société Nationale d'Électricité (SNEL).

Devant une telle situation, vous auriez sans nul doute souhaité qu'un mémorandum soit écrit à votre intention. Par rapport au terme « plainte », le terme mémorandum se définit comme étant une simple note contenant l'exposé sommaire de l'état d'une question. Or, notre démarche ne se limite pas à vous faire un simple exposé des faits, mais à vous impliquer dans ce dossier, si tant est que vous êtes notre dernier rempart, notre « Avocat » de dernière chance.

En effet, c'est depuis 1958 que l'Administration coloniale de l'époque avait exproprié nos ancêtres du terrain situé sur la rive droite du fleuve Congo, dans la Province du Bas-Congo, précisément dans le site d'Inga, en vue de l'érection d'une importante centrale hydroélectrique, de dimension internationale.

Dans le cadre de la réalisation de cet important ouvrage, six clans furent dépossédés de leurs terres viagères claniques et ancestrales, et, de ce fait, privés de culture, de cueillette, d'exploitation du bois, des sticks et lianes, de pêche et de chasse, de passage, du bois de chauffage et de cimetières. Il s'agit des clans suivants : MBENZA (57 ha), NUMBU (2,300 ha), GIMBI (4,811 ha), MANKUNKU (MANZI, ZALU et FUTILA : 3,535 ha), MANKUNKU (MANZI et ZALU : 3,593 ha).

Les indemnités à payer aux ayants-droit furent fixées, en 1958, à 781,600 Francs belges que ces derniers n'avaient pu percevoir suite au climat politique de l'époque concomitante avec la lutte pour l'octroi de l'indépendance à la République Démocratique du Congo.

Le vent de la décolonisation passé, l'indépendance acquise, nous avions, en 1969, écrit et demandé au Président de l'Institut d'Inga (Cfr. Lettre en annexe) le paiement de nos indemnités pour enquête de vacances ainsi que la signature d'un contrat d'emphytéose. Malheureusement, jusqu'à ce jour nous n'avons reçu aucune suite favorable.

Victimes d'une politique de mépris et de discrimination de la part de la SNEL, nous avions engagé un Avocat, en la personne de Maître NSEKA MANDENDI VITA du cabinet de Maître ALEVROFAS, qui avait porté l'affaire devant le Tribunal de Grande Instance à Kinshasa-Gombe. Tout compte fait, la SNEL nous avait dit de retirer notre plainte pour trouver un arrangement à l'amiable (Cfr. lettre en annexe, lequel arrangement se fait toujours attendre.

Maintenant, nous pensons que l'occasion nous est donnée d'avoir comme interlocuteur plus que valable, un « Avocat » de dernière chance, Monsieur le Gouverneur de Province du Bas-Congo qui va se charger de notre dossier et accuser la SNEL, notamment pour :

1. Le paiement intégral du montant de 781,600 FB, au titre des indemnités d'expropriation (en tenant compte bien sûr du retard causé par la SNEL) ;

2. L'électrification immédiate de tous les villages de la périphérie d'Inga, en commençant par le village MANZI qui est à +/- 3 Km du poste de Kintata ainsi que tous les millages du territoire de SEKE-BANZA (voir notre demande d'électrification du village MANZI du 28/04/1994 par feu Ferdinand SONA, notre oncle) ;

3. Les engagements immédiats des enfants des Ayants-droit, en l'occurrence et prioritairement messieurs MALANDA ARTHUR et MALANDA ANICET (tous deux fils du Délégué des ayants-droit) dont les dossiers moisissent dans les tiroirs des bureaux de la Direction des Ressources Humaines de la SNEL depuis des lustres ;

4. L'assistance aux ayants-droit dans les cas de maladies, de décès ainsi que dans la réalisation des actions liées au développement communautaire du terroir. Particulièrement à ce sujet, les ayants-droit demandent à la SNEL de

leur fournir du sable et des moellons qui abondent sur la berge des deux rives du fleuve Congo, chaque fois qu'ils en expriment le besoin ;
5. Dans le cadre de la construction d'Inga 3 et 4, les ayants-droit de MANZI exigent la construction d'une cité moderne avec les hôpitaux, écoles, marché, cyber-café, l'eau et l'électricité, sur un endroit choisi par eux. (Cfr. Lettre de revendication écrite par le CEPECO et introduite à la Banque Mondiale et dont la copie a été transmise à votre Excellence).

S'agissant du contrat d'emphytéose, (Cfr. lettre du 22 juin 1970 du PDG de la SNEL), nous exprimons nos vifs regrets qu'une phase si importante et surtout déterminante pour l'avenir des ayants-droit soit passée sous notre silence. Néanmoins, nous ne pouvons pas nous empêcher de continuer à demander une part des bénéfices (en nature ou en espèces) réalisés par la SNEL à la fin de chaque année, tel que cela se fait dans d'autres sociétés d'État : la SOCIR à MUANDA, la MIBA au KASAÏ, la GECAMINES au KATANGA, et nous nous en passons. On aura fait justice.

Enfin, l'Honorable NGOMA DI NZAU qui nous lit en copie est appelé à conjuguer les efforts avec Monsieur le Gouverneur pour l'aboutissement heureux de nos démarches, sans oublier la collaboration avec le CEPECO et nos partenaires tant nationaux qu'internationaux.

En outre, nous mettons cette occasion à profit pour attirer votre attention sur le fait qu'un groupe de militaires venus de Kinshasa et Matadi ont dernièrement fait irruption dans notre village MANZI, et nous ont exigé de leur indiquer un endroit où ils doivent construire un camp militaire. Pour preuve, nous mettons à votre disposition le panneau et quelques blocs qu'ils ont abandonnés dans ma maison, et nous vous demandons de bien vouloir les remettre aux autorités militaires de Matadi.
Sans flatterie aucune, Monsieur le Gouverneur, force nous est de vous faire remarquer que c'est pour la première fois dans l'histoire de notre pays qu'un gouverneur de province abandonne le confort de ses bureaux climatisés pour rencontrer dans leurs recoins les populations de sa province qui sont dépourvues de tout moyen de défense.

En tout état de cause, nous prions pour que le ciel vous soutienne afin que vous continuiez à appliquer cette politique de vie.
Et, croyez-nous, Excellence, le moment venu, nous nous en souviendrons.

Veuillez croire, Excellence Monsieur le Gouverneur, en l'expression de toute notre gratitude.

Mr. Simon Malanda.

CHAPITRE IV.

SOLUTIONS ALTERNATIVES DES ACTIVISTES-OPPOSANTS À GRAND INGA : LIMITES ET INCONVÉNIENTS DE PETITES CENTRALES HYDROÉLECTRIQUES POUR LA R.D.C.

> *« Ce que vous faites pour moi, **sans moi**,*
> *vous le faites contre moi !».*
> Mahatma Ghandi.

4.1. Introduction

Dans le présent chapitre, nous analysons et réfutons l'argument relatif aux **solutions alternatives au Barrage Grand Inga** proposées par ce conglomérat d'activistes-opposants. Nous posons naïvement les questions suivantes : *Quel Congolais, à partir de sa ville natale au Congo, pourrait imposer ou vendre un projet de développement à un pays occidental ? Quel groupe de Congolais pourrait s'opposer, avec acharnement, à un projet quel qu'il soit dans un pays occidental ?* C'est tout simplement inimaginable ! Soit on le prendrait pour un plaisantin, soit on le traiterait d'un malade mental !

Le Guide spirituel et Homme politique indien, Mahatma Ghandi n'avait-il pas dit : « *Ce que vous faites pour moi, **sans moi**, vous le faites contre moi* » ?. C'est le cas de ces solutions alternatives que les activistes-opposants au projet national d'Inga 3 ont trouvées pour nous. Quelles sont ces solutions ? Sont-elles réalistes à la dimension de la R.D. Congo ? Quelles sont leurs limites et leurs inconvénients ? Peuvent-elles se substituer efficacement au Barrage Grand Inga ou doivent-elles le compléter ? Des questions auxquelles nous allons tenter de fournir des réponses dans ce chapitre.

4.2. Ce que dit la loi sur l'accès à l'énergie électrique

L'exercice du droit d'accès à l'énergie électrique est garanti par l'article 48 de la Constitution nationale[1]. Dans l'exposé des motifs de la Loi n° 14/011 du 17 Juin 2014 relative au Secteur de l'Électricité, il est stipulé que « *l'électricité est l'un des facteurs majeurs et irréversibles qui conditionnent le développement économique, social, technologique et culturel de toutes les nations, de tous les peuples, de toutes les communautés ou de tout individu pris isolément* ». Parmi les cinq principaux objectifs énoncés dans cet exposé des motifs, nous avons retenu le dernier qui oblige l'État congolais de : « **faire de la République Démocratique du Congo une puissance énergétique** ». Pour atteindre lesdits objectifs, la loi susnommée édicte des principes ou des règles dont :

« *- l'érection de tout site hydroélectrique ou géothermique en site d'utilité publique inaliénable ;*

- l'obligation de protection de l'environnement pour tous les projets de développement du secteur ;

- l'obligation prescrite à l'État de promouvoir l'électrification du milieu rural et périurbain, en vue d'accroître le taux de desserte en électricité sur l'ensemble du territoire national ; la garantie de la protection tant de l'opérateur que du consommateur[2]. »

Dans le Titre II de cette loi qui traite du Service public de l'Électricité et des Mesures de sécurité, les articles 4 et 5 du Chapitre 1 qui traite des principes, des obligations et de l'accès aux réseaux sont assez significatifs:

« ***Article 4*** *: Le service public de l'électricité a pour objet de garantir l'approvisionnement en électricité sur l'ensemble du territoire national, dans le respect de **l'intérêt général**. Il contribue à l'indépendance et à la sécurité d'approvisionnement, au développement des ressources nationales et à leur gestion optimale, à la maîtrise de la demande d'énergie et des choix technologiques d'avenir ainsi qu'à la compétitivité de l'activité économique.* »

*« **Article 5 :** Le service public de l'électricité matérialise le **droit d'accès de tous à l'électricité**, produit de **première nécessité**. Il concourt à la cohésion sociale, à la sécurité publique, à la lutte contre l'exclusion, au développement équilibré du territoire national, à la recherche et au progrès technologique dans le respect de l'environnement. »*[3]

Nulle part dans cette loi il est dit que l'État congolais devrait s'incliner aux pressions des activistes-opposants étrangers et nationaux ou adopter aveuglement leurs projets pour la mise en valeur du site d'Inga. L'État congolais doit plutôt, impérativement, répondre à ses obligations selon sa Constitution (Article 48) et selon la Loi n° 14/011 du 17 Juin 2014 relative au Secteur de l'Électricité. D'où, toute campagne de certains milieux étrangers contre la mise en valeur de son territoire ne relève que de l'ingérence et de l'atteinte à la souveraineté de l'État congolais d'organiser son espace intérieur selon sa vision pour le bien de sa population. L'État congolais ne peut se soustraire à l'obligation de : « ***faire de la République Démocratique du Congo une puissance énergétique*** ». Ce qui ne peut se réaliser que par l'exploitation totale du « *Trigone de la Puissance Énergétique du Congo* », c.-à-d. tout le site d'Inga.

4.3. Les solutions alternatives au barrage Grand Inga

Étant données les préoccupations environnementales au niveau national et mondial (Lutte contre le changement climatique oblige), nous ne traiterons que des sources d'énergie renouvelables, les seules qui ont été citées par les activistes-opposants au Projet de Barrage Grand Inga. Il s'agit de :

1.- l'énergie hydroélectrique ; 2.- l'énergie solaire ; 3.- l'énergie éolienne ; 4.- l'énergie géothermique ; 5.- l'énergie nucléaire ; 6.- la biomasse. Ces six sources d'énergie renouvelables sont celles qui figurent aussi dans les projets de développement du secteur énergétique de la R.D. Congo[3]. Elles présentent les caractéristiques communes suivantes : *elles permettent la préservation de l'environnement, l'amélioration de la santé humaine et animale et l'éducation, le développement de l'économie, elles ne génèrent pas les diverses formes de pollution et enfin, elles sont en plus un excellent moyen de lutte contre le changement climatique.* Malheureusement sur le terrain, elles ont en commun un seul et même grand défaut : *le manque cruel de données scientifiques récentes et diverses pouvant aider à mieux les analyser et les quantifier pour leur exploitation efficace.* Les activistes-opposants occidentaux au Projet de Barrage Grand Inga qui en font la promotion aujourd'hui trouvent que le principal atout des énergies renouvelables réside dans le fait qu'elles peuvent :

- être localisées sur un point précis sur ou hors réseau ;

- engendrer un impact tangible et immédiat tel que le développement de l'agriculture et de petites et moyennes entreprises (coiffeurs, menuisiers, etc.) ;

- contribuer directement au développement économique local à travers la création d'emplois, et enfin,

- exercer une influence positive sur l'amélioration des services de base des besoins communautaires tels que l'hygiène, la santé, l'éducation, les services de télécommunication et l'éclairage[4].

4.3.1. Arguments contre cet atout principal des énergies renouvelables

Vue les énormes potentiel énergétique et ressources naturelles de notre pays, nous ne partageons pas cette vision minimaliste, à pas de tortue, pour son développement. Pourquoi ?

- Premièrement, cette vision minimaliste, archaïque, ressemble à celle de l'ancien colonisateur qui, au lieu de bâtir de grandes villes et de larges avenues, avait préféré construire des cités avec des maisons et des rues étroites comme si l'espace manquait au Congo. Vous n'avez qu'à observer les anciennes cités indigènes et les quartiers des Blancs dans nos différents chefs-lieux de province. Aujourd'hui, les populations y étouffent pratiquement car surpeuplés, avec tout leur cortège de

problèmes de pollutions de tous genres, de santé publique et de sécurité ;

- *Deuxièmement*, dans 35 ans, la R.D. Congo comptera approximativement 150 à 190 millions d'habitants[5], c.-à-d., un énorme marché économique intérieur auquel il faudra assurer une grande quantité d'énergie, une très grande mobilité à l'aide des infrastructures routières et des moyens de transports modernes, voire ultramodernes, des services de télécommunication d'une grande efficacité (*Cfr.* Fig. III.5), de l'eau potable, des infrastructures de santé et d'éducation de haut niveau, etc. Prétendre que la R.D. Congo ne mérite pas ces infrastructures ultramodernes car elles sont **très onéreuses** nous semble aussi répondre à un sombre objectif : *asseoir une idéologie de type raciste pour maintenir le Congo au stade de pourvoyeur de matières premières*. Ce ne sont pas des microprojets locaux, isolés dans le temps et dans l'espace qui vont assurer le développement de la R.D. Congo et en faire **une locomotive économique pour toute l'Afrique** selon le Programme des Nations-Unies pour l'Environnement (PNUE, 2010) qui soulignait, en conclusion de ses travaux d'évaluation environnementale, *l'importance mondiale et le potentiel extraordinaire des ressources naturelles et minières de la R.D. Congo*[6] ;

- *Troisièmement*, ces petites centrales hydroélectriques, selon notre vision, ne pourraient bénéficier d'un quelconque intérêt qu'en tant *qu'infrastructures complémentaires à Grand Inga*.

« *Comparaison n'est pas raison* », dit-on ! Mais, elle permet de s'inspirer des exemples de réussite observés ailleurs. La province du Québec, par exemple, est réputée pour sa très grande expertise dans le domaine de l'hydroélectricité. Son industrie énergétique est fondée principalement sur ses grands barrages hydroélectriques dans le Nord de la province. Les autres sources d'énergie renouvelables développées à travers la province ou en développement (microcentrales, solaire, éolienne, biomasse, géothermie, etc.) ne sont que des structures d'appui interconnectées au réseau principal constitué par les grandes centrales hydroélectriques[7].

Face à l'explosion de son économie et à une forte demande en énergie, le gouvernement chinois a pris en 1992, malgré les oppositions au projet et un nombre record d'abstentions lors de son Assemblée Populaire, une décision volontariste pour la construction du barrage de Trois-Gorges de Sandouping sur le fleuve Yangzi Jiang (Yang-Tsé) dans la province du Hubei. En plus de produire une grande quantité d'énergie électrique (22 500 MW), ce chef-d'œuvre technologique a permis à la Chine de développer une grande expertise dans ce domaine, facilité et augmenté le nombre de mois (passé de six à neuf) de navigation par un ascenseur vertical à bateaux et un système d'écluses en escalier. Le barrage de Trois-Gorges, premier au monde, est aujourd'hui une fierté de tous les Chinois et un grand site touristique dans la province du Hubei.

Enfin, ce que nous disons ici est aussi appuyé par M. Samuel Furfari, Professeur de Géopolitique de l'énergie à l'Université Libre de Bruxelles et Fonctionnaire européen dans le domaine de la politique énergétique. Il a affirmé : « ***Sans électricité bon marché et abondante en permanence, il n'y aura pas de développement en Afrique et encore moins de développement durable. Si l'on entend limiter l'électrification de l'Afrique aux panneaux solaires et aux éoliennes, les migrants*** (vers l'Europe) *seront de plus en plus nombreux* ». L'électrification de l'Afrique doit se faire comme ils l'ont fait en Europe : « *avec l'énergie abondante et bon marché : **charbon, gaz et hydroélectricité**. Ceux qui plaident pour d'autres solutions, que nous-mêmes ne parvenons pas à faire décoller malgré les milliards de subventions, **trompent les Africains**, **et les maintiennent à l'écart du développement*** »[8]. Ce paragraphe ne demande aucun commentaire. Il nous permet juste de déclarer une fois de plus que seul le Barrage Grand Inga est la solution aux problèmes d'électrification et du développement durable de la R.D. Congo et de l'Afrique.

4.3.2. Énergie hydroélectrique

Malgré le potentiel énorme du site d'Inga[9], les activistes-opposants au Projet de Barrage Grand Inga (Phases 3 à 8) prônent la non mise en valeur de ce site que nous avons à juste titre baptisé de « *Trigone de la Puissance Énergétique du Congo* » (Fig. I.5). Ils s'acharnent dans toutes les tribunes à conseiller au gouvernement congolais et aux institutions financières d'investir plutôt dans des micro ou moyennes centrales hydroélectriques. Cette idée d'investir dans la construction des petites centrales hydroélectriques est promue par la plupart des organismes qui s'opposent au Projet de Barrage Grand Inga dont le plus virulent de tous est « *International Rivers* ». En plus d'une dette élevée (80 milliards de $US) qu'engendrerait la construction des Phases 3 à 8, ils évoquent aussi, sans honte, les coûts supplémentaires pour l'interconnexion du pays entier à cause de grandes distances entre Inga et les provinces consommatrices de cette énergie et le manque d'infrastructures de base telles les routes, à peine existantes[10]. Ce discours de microcentrales semble avoir séduit certains Congolais. En effet, dans leur conférence de presse du jeudi 6 juillet 2017 portant sur le projet de barrage Inga 3, certains membres de la société civile congolaise[11,12,13] se sont référés, malheureusement, aux publications de « *International Rivers* » (une ONG américaine) pour qualifier le projet de barrage Grand Inga de « *projet financièrement à hauts risques pour le contribuable congolais* ».

Depuis plusieurs années, « *International Rivers* » n'a cessé de multiplier des missions au Bas-Congo et de produire quantité de textes virulents contre le financement de ce formidable projet (Lire Bosshard, P., Sanyanga, R., Klemm, J., Carney, M., Wysham, D., Hayes, R., Orenstein, K., and Ben Collins ; December 20th 2013 ; Sanyanga, R. 2014 et Ange Asanzi[14]). Cet organisme a soutenu le voyage au bureau de la Banque Mondiale/Washington de M. Muanda, représentant d'une ONG du Bas-Congo pour y déposer une pétition des populations ayants-droits de la région d'Inga (*Cfr.* Fig. III.1). Cette pétition a certainement contribué à l'époque à la décision de l'USAID de suspendre son assistance financière au Projet Inga 3.

4.3.3. Petites centrales comme solution alternative au Projet de Barrage Inga 3

La R.D. Congo compte 44 centrales hydroélectriques qui ne produisent qu'environ 3 % du potentiel hydroélectrique du pays, auxquelles il faut ajouter aujourd'hui les centrales hydroélectriques de Kakobola sur la rivière Kwilu dans le Bandundu (9,3 MW), Zongo 2 sur la rivière Inkisi dans le Kongo Central (150 MW) et Katende sur la rivière Luluwa dans le Kasaï Central (64 MW). Cette dernière est, comme on le constate, de moyenne dimension par rapport aux deux autres centrales. La construction de cette centrale a mis 55 ans (*elle n'est toujours pas encore achevée en mai 2021 !*) et son coût est évalué à 280 millions de $US. Prenons-la comme modèle de base pour le besoin de notre démonstration. Si, pour fournir de l'énergie électrique à toute sa population, le pays se lance dans la construction de tous les 300 sites (ou 780 selon certaines sources non référencées) de petites et moyennes centrales hydroélectriques répertoriés par la CNE[15] (Fig. IV.1), et en supposant que ces centrales sont de la taille de la centrale de Katende, on pourrait estimer les coûts à **84 milliards de $US** (soit 280 000 000 $US x 300) pour une puissance totale de 19 200 MW pour tous les 300 sites.

Ces coûts sont plus élevés que celui du complexe Grand Barrage d'Inga (**80 milliards de $US**) dont la puissance installée[8] sera de 46 000 MW, soit 2,4 fois plus d'énergie ! À ces coûts, il faut ajouter des coûts environnementaux exorbitants, un déplacement/relocalisation (éventuel) des populations plus important que dans le cas du Barrage Grand Inga, une dispersion de l'expertise qui finalement va coûter plus cher à long terme, des coûts liés à l'acheminement des machines et matériaux de construction sur chaque site, un développement local, isolé et sans possibilité de créer un véritable et puissant marché intérieur, et enfin, la durée de construction de chaque centrale hydroélectrique. Au bout de 25 ans, ces petites ou moyennes centrales seront abandonnées à cause des coûts d'entretien élevés comme la plupart d'autres centrales aujourd'hui à l'arrêt à travers le pays. Donc, la R.D. Congo n'a aucun intérêt à investir dans ce type de centrales hydroélectriques, n'en déplaisent aux activistes-opposants au Projet de Barrage Grand Inga et aux trois membres de la société civile cités dans l'introduction. Il faut plutôt voir grand : *Investir dans le Grand Inga pour des raisons évoquées ci-dessus.*

4.3.4. Peur de la dette qui sera générée par le Barrage Grand Inga.

Les activistes-opposants font peur aux Congolais en ce qui concerne une dette de 80 milliards de \$US qu'engendrerait le Barrage Grand Inga. Les petites centrales hydroélectriques ne sont pas plus économiques[9] que le Barrage Grand Inga comme on vient de le voir. La R.D. Congo n'est pas un pays comme les autres, chaque Congolais devrait le savoir. En effet, que représente, pour la R.D. Congo, pays **sous-endetté**, (voir tableau ci-dessous) aux énormes potentialités évaluées à **24 milles milliards de \$US** (*objet de l'instabilité entretenue actuellement par les vautours de toutes origines en R.D. Congo*), une dette de **80 milliards de \$US** ? Comment exploiter ce potentiel énorme en ressources naturelles sans une source d'énergie permanente, stable, écologique et à moindre coût ? Comment créer des milliers d'emplois sans énergie afin de mettre un terme au gaspillage humain qui a élu domicile dans ce pays ? Comment créer un énorme marché intérieur, des voies de communication ultramodernes sans beaucoup d'énergie que seul Grand Inga peut fournir ?

Tous les pays sont endettés, le système économique mondial actuel fonctionne avec des dettes. Tout le monde est sensé le savoir (*Cfr.* Tableau ci-dessous).

Il ressort de ce tableau un constat paradoxal : La R.D. Congo, vaste pays au riche potentiel minéral et énergétique, a une dette publique insignifiante, largement inférieure à celles de plusieurs pays occidentaux et africains n'ayant pas les mêmes potentialités et, par conséquent, les mêmes capacités de remboursement ! Devant un tel constat, devrions-nous, en tant que peuple, avoir peur de nous endetter pour financer la mise en valeur de ce site au potentiel énergétique exceptionnel ? Nous devrons non seulement nous méfier de ceux qui agitent le spectre de la dette publique mais aussi tous dénoncer cette injustice des organismes de la haute finance (Banque Mondiale, Fonds Monétaire International) qui ont souvent multiplié des conditions pour prêter de l'argent à notre pays.

C'est pourquoi nous invitons nos compatriotes, plus particulièrement ceux qui sont utilisés par les ONG internationales[16,17,18], à cesser d'être des agents multiplicateurs des campagnes ridicules et méprisantes contre les grands projets de développement de notre pays.

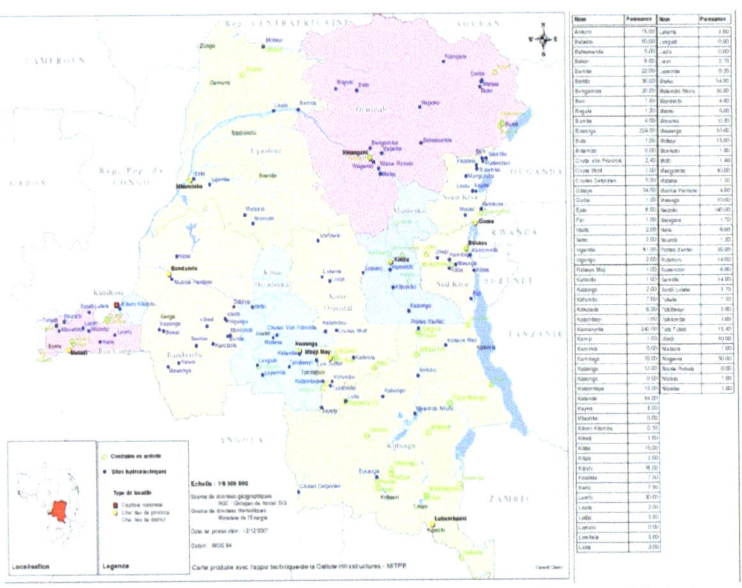

Fig. IV.1.- *Sites hydroélectriques en R.D. Congo.* Source : Ministère de l'Énergie. Document de politique du Secteur de l'Électricité, mai 2009.

En effet, lors de leur conférence de presse du jeudi 6 juillet 2017 à Kinshasa/Ngaliema[19], ces compatriotes se sont référés, malheureusement, aux publications de « *International Rivers* » pour appuyer leur prise de position contre la construction d'Inga 3 sous-prétexte qu'elle va générer une grande dette pour le contribuable congolais. Or, il est connu que « *International Rivers* »[20,21] investit des moyens énormes et use de fausses informations dans ses virulentes campagnes contre le financement de ce projet capital pour le Kongo Central, le Congo tout entier, l'Afrique centrale, toute l'Afrique, voire l'Europe.

Tableau : Dette publique de quelques États en 2016 (en milliards de $US).

Pays occidentaux	Montant	Pays d'Afrique Noire	Montant
Belgique	510,00	Afrique du Sud	175,80
Canada	520,00	Angola	47,20
Espagne	1263,00	Cameroun	9,70
France	2476,00	Congo-Brazza	7,90
Pays-Bas	495,00	**Congo R.D.***	**4,80**
UK	2359,00	Nigeria	28,30
USA	19000,00	Sénégal	7,20

Source : Internet, consulté le 09 juillet 2017.

4.4. Conclusion partielle

Il existe plusieurs sources d'énergie renouvelables en R.D. Congo (- *l'énergie hydraulique; - l'énergie solaire;- l'énergie éolienne;- l'énergie géothermique;- l'énergie nucléaire;- la biomasse*). Nous avons donné les principales caractéristiques communes et leur principal atout. En ce qui concerne les centrales hydroélectriques de petite ou moyenne dimension, nous avons démontré qu'elles ne présentent d'intérêt que comme **infrastructures d'appui, complémentaires au grand réseau hydroélectrique du Grand Inga**. Bien gérée, la R.D. Congo est largement capable de rembourser sa dette, investir dans ses infrastructures de développement et offrir une vie meilleure à sa population.

Peuple congolais, transformons notre pays à notre goût, pour cette génération et les générations futures. Nous profitons de cette occasion pour rappeler à tous les Congolais que :

- nous avons raté « *la révolution des pointes d'ivoire et du caoutchouc*»,

- nous avons raté « *la révolution du cuivre, de l'uranium, de l'or et du diamant* »,

- nous avons raté « *la révolution du pétrole et du nanobois* ».

Si nous sommes encore distraits, nous allons rater ***la révolution du coltan, du lithium et du cobalt***. En effet, le monde vient d'entrer dans l'ère des voitures électriques, grandes consommatrices du coltan (télécommunication) et du lithium et du cobalt (batteries). D'après les projections des pays dominants du moment (Chine, USA, UE, Canada, Inde, etc.), dans 25 ans, ces voitures vont remplacer complètement les voitures à essence. Or, dans moins de 25 ans, la R.D. Congo peut achever la construction des six phases restantes du Barrage Grand Inga, fournir suffisamment de l'énergie électrique à ses compagnies minières pour l'extraction et la transformation de ses minerais, imposer sa stature sur le marché mondial du coltan, du lithium et du cobalt, entrevoir avec assurance son émergence socio-économique et devenir cette locomotive économique pour l'Afrique. Malgré nos difficultés du moment, les autres pays africains nous regardent et comptent sur nous pour le développement économique de tout notre continent.

4.5. Références bibliographiques

[1] **Kline, Nancy**, 2015. More Time To Think: The Power of The Independent Thinking, Cassell Orion, London, UK.

[1bis] **http://www.leganet.cd/Legislation/Droi**t%20economique/ Energie/ Loi.14.011.17.06.2014.htm#TI

[2] *Idem*

[3] **Henri Esseqqat**, novembre, 2011. Les énergies renouvelables en RDC. Document d'information (non officiel) du PNUE préparé en interne en complément de l'Évaluation environnementale postconflit. http://www.unep.org/drcongo, 102 p.

[4] *Idem*

[5] **http://www.rfi.fr/afrique/20150820**-afrique-connaitre-forte-croissance-demographique-2050. Consulté le 03 août 2017

[6] **Tshibwabwa, S.,** 2016. Barrage Grand Inga : son avenir est-il compromis ? Partie 2 : Inventaire, Analyse et Réfutation des Arguments de ses Opposants. *In* http://www.desc-wondo.org

[7] *Idem*

[8] **Furfari, Samuel**, 2019. L'urgence d'électrifier l'Afrique – Pour un vrai développement durable. Éd. L'Harmattan, Paris, France ; 242 p.

[9] *Cfr* (6).

[10] *Cfr* [11] et [12]

[11] **CORAP** : Coalition des Organisations de la Société Civile pour le Suivi des Réformes et de l'Action Publique.

[12] **FESO** : Synergie des Femmes Solidaires

[13] **MEROU-Développement** : Mission Environnement en Milieu Rural Ouvert aux Urgences et Développement.

[14] **Asanzi, A.,** 2014. What Future for Inga 3-Affected Communities? July 31th 2014. http://www.internationalrivers.org/fr/blogs/337. Ange Asanzi est Assistante au Programme Afrique de

l'organisme *International Rivers*. Congolaise d'origine, elle est utilisée par cet organisme pour mener une campagne contre le Projet Inga sur le terrain à Kinshasa et dans le Bas-Congo.

[15] **CNE** : Commission Nationale de l'Énergie.

[16] **Musuyu, Émmanuel**, Secrétaire Technique de la CORAP (Coalition des Organisations de la Société Civile pour le Suivi des Réformes et de l'Action Publique).

[17] **Bonianga, Blandine**, Directrice exécutive de la FESO (Synergie des Femmes Solidaires).

[18] **Neema, Édith**, Secrétaire permanente de la MEROU-Développement (Mission Environnement en Milieu Rural Ouvert aux Urgences et Développement).

[19] **Nsomue, Dorcas** : Inga III : risque d'endettement de 22 à 70 milliards USD pour la RDC. *In* Le Phare du 10 juillet 2017.

[20] *Cfr* 6

[21] *Cfr* 7

CHAPITRE V.

ENJEUX CACHÉS DES ACTIVISTES-OPPOSANTS AU GRAND BARRAGE D'INGA

5.1. Introduction

De la date de sa révélation au monde occidental le 5 août 1816[1] à la première annonce de la possibilité de produire de l'électricité aux chutes d'Inga en 1885, il a fallu 69 ans ! En effet, en 1885, le géographe belge Alphonse-Jules Wauters[2] étudiant la topographie dans la région des cataractes pour tracer le chemin de fer devant contourner les chutes d'Inga, émit le premier l'idée d'utiliser ces chutes comme générateur d'électricité. Il relata dans ses notes cette phrase quasi prophétique que nous avons reprise dans le premier chapitre : « *Qui nous dit que ces chutes qui sont aujourd'hui un obstacle à la navigation du fleuve, ne deviendront pas un jour, une force, un générateur d'électricité dynamique propre à distribuer la lumière et la force motrice dans les provinces riveraines ?* »

Il a fallu attendre 87 ans pour voir la première centrale hydroélectrique sur le site d'Inga en 1972. Dix ans plus tard, en 1982, la centrale d'Inga 2 était mise en fonction. Ces deux centrales sont construites pendant une période de relative stabilité et de paix dans notre pays, caractérisée par le règne sans partage du dictateur Joseph Désiré Mobutu, plus connu des jeunes générations sous son nom authentique de Mobutu Sese Seko Kuku Ngbendu waza Banga. Visionnaire, rejetant les critiques des « experts autoproclamés du Zaïre », en majorité d'origine belge, opposés à la mise en valeur du site d'Inga, et ayant en mains de puissantes cartes géopolitiques, le Président Mobutu devint le grand bâtisseur des deux premières phases du Barrage d'Inga. En effet, d'une part il avait à l'intérieur du pays le soutien des jeunes et dynamiques ingénieurs zaïrois (*Lukusa, Kabengele, Ngeleka, Kabongo, Kabwe, Mulenda, Mutamba, Umba, etc.*) qui faisaient tourner la Gécamines presque à plein rendement, celui des compagnies minières Société de Développement Industriel et Minier du Zaïre (Sodimiza, un groupe japonais) à Musoshi et la Société Minière Tenke-Fungurume (SMTF, un groupe américain) qui avaient besoin d'énergie électrique. Et d'autre part, il avait garanti le Zaïre comme base-arrière dans la guerre froide entre les puissances et multinationales occidentales (Capitalistes) et les régimes communistes qui s'étaient implantés dans certains pays africains, l'Angola, le Congo Brazzaville, le Mozambique, le Benin, la Somalie, l'Éthiopie et le Madagascar[3]. Nous pensons que c'est surtout cette carte géopolitique qui lui avait permis de surmonter l'opposition des activistes-opposants à la construction des centrales d'Inga 1 et 2 qui n'avaient pas manqué à l'époque de les qualifier « d'éléphants blancs » et de « folie de grandeur »[4].

De 1982 à ce jour, soit environ 38 ans, plusieurs bouleversements se sont produits dans le monde et plus particulièrement dans notre pays. Au niveau international, nous avons assisté à la fin de la guerre froide, la disparition des régimes communistes et la mise en place de la mondialisation et du Monde du Numérique comme levier d'intégration et bonne gouvernance, de croissance économique, du progrès social, du développement durable, culturel et environnemental. À ces bouleversements, il faut ajouter la croissance démographique et la libéralisation du secteur minier. Ainsi sont apparus de nouveaux besoins en énergie, en minerais d'une manière générale et en minerais stratégiques en particulier. Au niveau national, le pays vit depuis le début des années 90 dans un équilibre instable. Il est parcouru par plusieurs contradictions et dysfonctionnements étudiés par plusieurs compatriotes (Muyembe, 2012[5] ; Kankwenda Mbaya et Mukoka Nsenda, 2013[6] ; Poto Poto, J., 2014[7] ; Tshibwabwa, 2016[8] ; Bongeli, É., 2015[9] ; Mudogo Virima[10] ; Kabemba, Y., Mai 2015[11] ; Batumike, 2015[12] ; Katshingu, 2015[13] ; etc.). Ces contradictions et dysfonctionnement ont conduit jusqu'au point d'être menacé dans son intégrité (tentative d'occupation par le Rwanda, projet de balkanisation, décentralisation/découpage administrative en provincettes en majorité non viables économiquement accentuant la fragilité du gouvernement central, des milices semant la mort à l'Est du pays,...).

Suite à son histoire coloniale et à ces bouleversements, la R.D. Congo a manqué plusieurs occasions d'atteindre les objectifs du développement intégral et ce, malgré ses énormes potentialités. Comme nous l'avons écrit ci-dessus,

- nous avons manqué « *la révolution des pointes d'ivoire et du caoutchouc* »,

- nous avons manqué « *la révolution du cuivre, de l'uranium, de l'or et du diamant* »,

- nous avons manqué « *la révolution du pétrole et du nanobois* », etc.

Ces richesses ont enrichi et continuent d'enrichir les pays étrangers. Si nous maintenons le cap sur ces contradictions et dysfonctionnements dans notre pays, nous allons aussi manquer **la révolution du coltan, du lithium, du cobalt et de l'aluminium**. En effet, le monde est entré dans l'ère des voitures électriques et du déploiement de l'industrie spatiale, grandes consommatrices du coltan, du lithium, de l'aluminium (Monde du Numérique) et du cobalt (batteries). D'après les projections des pays dominants du moment (Chine, USA, UE, Canada, Inde, etc.), dans 25 ans, ces voitures vont remplacer complètement les voitures à essence et le tourisme spatial va connaître un grand développement. Donc, la mise en valeur du potentiel énergétique de tout le site d'Inga est un enjeu majeur pour le développement socio-économique de notre pays. Dans moins de 25 ans, la R.D. Congo peut achever la construction des six phases restantes du Barrage Grand Inga, fournir suffisamment de l'énergie électrique à ses compagnies minières pour l'extraction et la transformation de ses minerais, imposer sa stature sur le marché mondial du coltan, du lithium, de l'aluminium et du cobalt, entrevoir avec assurance son émergence socio-économique et devenir cette locomotive économique pour l'Afrique et une puissance régionale. Ce noble objectif ne pourrait être atteint que si toutes les menaces internes et externes sont jugulées.

C'est dans ce cadre que nous situons les enjeux cachés des campagnes anti-Projet de Barrage Grand Inga. La connaissance de ces enjeux est d'une importance capitale. Elle permettra aux experts congolais chargés de négocier les termes de financement, la sélection et le recrutement des développeurs du Projet de Barrage Grand Inga d'anticiper sur les positions de leurs homologues dans les négociations. Cette lacune serait à la base des mauvaises analyses et interprétations des comportements des organismes de financement (BM, FMI, BAD, etc.). Ce qui a largement contribué au retard (bientôt près de 37 ans) sur le début des travaux d'Inga 3, première phase du Projet de Barrage Grand Inga ! Quels sont les enjeux cachés qui sont à la base de ce retard ?

5.2. Enjeux cachés des activistes-opposants au Projet de Barrage Grand Inga

Et si une fois, nos amis Occidentaux, quoique animés d'un grand esprit altruiste et de bonnes intentions, arrêtaient de penser pour les Africains et de décider ce qui est bien, moyennement bon ou franchement mauvais pour eux ? Leurs propres savants ont qualifié cette vilaine attitude d'infantilisation ! (Kline, N., 2015)

Ceux qui font des études prospectives et stratégiques ont déjà mis en évidence l'importance la R.D. Congo et du continent africain en ce qui concerne leurs ressources minérales, leurs réserves en eau douce (l'or bleu de ce siècle), leurs réserves en ressources énergétiques (pétrole, gaz, uranium, ressources hydrauliques, l'énergie solaire, éolienne, la biomasse, la géothermie, etc.). Ces études ont conduit au mégaprojet d'établir, dans le contexte de la mondialisation, de la course effrénée aux profits et de satisfaction d'énormes besoins des pays développés, une cartographie minière de la planète (OneGeology)[14]. La R.D. Congo réunit à elle seule toutes ces ressources et se trouve au centre de toutes les convoitises à la base de son pillage avec la complicité de certains de ses fils et des guerres injustes lui imposées depuis près de trois décennies. Les campagnes anti-Grand Inga des activistes-opposants sont à inscrire dans ce contexte général. Elles ont des enjeux cachés de trois ordres : géoéconomiques, géostratégiques et géopolitiques. Nous les résumons ci-dessous.

5.2.1. *Enjeux géoéconomiques*

Comme nous l'avons signalé dans les chapitres précédents, l'énergie est en amont de tous les projets de développement. Le Savant sénégalais Cheikh Anta Diop (1974)[15] a dans son livre « *Les fondements économiques et culturels d'un État Fédéral d'Afrique Noire* » entrevu ce développement commencer par le Zaïre (R.D. Congo) grâce à ses ressources naturelles et à son immense potentiel énergétique. Plus tard, le PNUE (*op.cit.*) a déclaré que la R.D. Congo pourrait devenir la locomotive pour le développement de l'Afrique si « *les menaces internes et externes son jugulées* ». C'est cette prise de conscience du grand potentiel de la R. D. Congo et de son émergence comme acteur majeur en matière énergétique et grande puissance industrielle qui fait peur aux Occidentaux, d'où la multiplication des campagnes anti-Grand Inga déployées par les activistes-opposants.

Pour ces derniers, il faut à tout prix retarder (à défaut d'empêcher) la construction du barrage Grand Inga qui fournirait beaucoup d'énergie à ce pays et à l'ensemble de l'Afrique. En effet, si le Barrage Grand Inga est construit, cela signifie que la R.D. Congo et l'Afrique tout entière vont connaitre un grand développement économique et devenir un obstacle aux économies occidentales, les marchés en Occident sont en train de rétrécir à cause de sa démographie en chute libre, même la mondialisation ne semble pas apporter la solution radicale à la crise qui pointe à l'horizon 2050. Par contre, en Afrique, les marchés sont en mode ascendant, sa démographie est en pleine croissance. Il faut donc garder la R.D. Congo et l'Afrique en tant que « *réservoirs de matières premières et déversoirs des produits fabriqués en Occident* » (Charles-Philippe David)[16]. Étant donné cet enjeu, quelle doit être l'attitude de nos élites et leaders ? Imaginez un seul instant ce que serait la R.D.

Congo si elle pouvait exploiter tous ses minerais, les transformer en produits finis, utiliser ces derniers dans la production des biens multiples ! On parlerait certainement de boom économique dont les nombreuses et heureuses conséquences seront incalculables dans l'éducation, la santé, le développement social, la rétention sur le continent de nos jeunes, etc. !

5.2.2. Enjeux géostratégiques

« *L'Afrique a la forme d'un revolver dont la gâchette se trouve au Zaïre* (R.D. Congo) », dixit Frantz Fanon. Il dit la même chose que le Savant Cheikh Anta Diop (*op. cit.*), la R.D. Congo occupe une position centrale en Afrique, une position qui peut faciliter l'intégration de tous les pays africains. Avec son grand potentiel énergétique, ses ressources minières stratégiques, la R.D. Congo pourra devenir une puissance fédératrice de toute l'Afrique. La mise en valeur de tout le « Trigone de la puissance énergétique du Congo » apparait donc comme *un facteur de stabilité dans la Région des Grands Lacs et dans toute l'Afrique*. En effet, si la R.D. Congo fournit de l'électricité dans toute l'Afrique, aucun pays bénéficiaire ne viendrait l'agresser. Une telle interdépendance privilégierait les intérêts communs et favoriserait la paix, un des facteurs de développement socio-économique. Et au nom des intérêts communs et bénéfices partagés, les gouvernants de l'Afrique de demain signeraient de nouveaux traités de non-agression entre leurs États.

En outre, avec la grande quantité d'énergie qui sera produite par Grand Inga, la R.D. Congo pourra développer une grande industrie métallurgique (Cheikh Anta Diop, *op. cit.*) pour transformer non seulement les minerais de son propre sous-sol, mais aussi ceux des autres états africains. Elle deviendra une puissance en matière d'énergie selon les prescrits de sa constitution mais aussi une puissance militaire sur laquelle les autres pays pourront compter. Une telle émergence du Congo est mal perçue dans certains milieux occidentaux et inspire la peur.

Nous reprenons ici un paragraphe de M. Lustgarten[17] qui avait écrit : «...*L'enjeu du Grand Inga n'est pas seulement continental, il est aussi un enjeu européen. En effet, ce barrage fournirait son énergie électrique à l'Europe. Le cas du Grand Inga est fascinant parce qu'il incarne le rôle de l'Afrique dans le nouvel impérialisme énergétique comme fournisseur d'énergie qui nous envoie de l'électricité brute de la même façon qu'elle nous a toujours envoyé du caoutchouc, des minéraux et du bois brut, ainsi que, il n'y a pas si longtemps, des esclaves....En mêlant des intérêts européens avec un nouveau réseau complexe d'engagements géopolitiques, la Commission Européenne nous lie de force avec des régimes que nous ne devrions pas soutenir et des régions dont nous ne comprenons, ni ne pouvons prévoir les politiques...En ce sens, la « sécurité » énergétique à court terme est synonyme d'une insécurité sociale, politique et militaire sur le long terme* ». Cette crainte explique les virulentes campagnes développées par les activistes-opposants au Barrage Grand Inga. Il s'agit ici d'empêcher la R.D. Congo de devenir une grande puissance qui va soutenir la naissance de cet État Fédéral Africain prôné par le Savant Cheikh Anta Diop, le Colonel Mouammar Kadhafi, le Président Macky Sall et tant d'autres panafricanistes.

5.2.3. Enjeux géopolitiques

Avec les centrales hydroélectriques d'Inga, la R.D. Congo deviendrait automatiquement un acteur majeur en matière d'énergie non seulement dans la région des Grands Lacs mais aussi de tout le continent (voire de l'Europe). Il est prévu qu'elle pourra fournir de l'énergie électrique à tous les cinq grands réseaux électriques régionaux africains représentés sur la figure 1 dans le chapitre 2.

Le pays assoira ainsi son leadership sur l'échiquier africain. Et dans le contexte géopolitique de ces temps, et contrairement à Léon et Porhel (*op. cit.*), le Barrage Grand Inga apparaîtra très vite comme la seule chance de développement intégral du continent africain en fournissant une énergie propre, non polluante, renouvelable et à moindre coût. Qui dit développement intégral de l'Afrique, dit la fin des guerres entretenues par les puissances extérieures pour distraire les Africains et continuer à exploiter les richesses africaines à vil prix, voire organiser un pillage par des réseaux maffieux. Mais, ce sera surtout la mise en place et le développement phénoménal d'un marché concurrentiel pour les économies occidentales. Encore une fois, nous nous permettons de reprendre, sans commentaires, les paroles du professeur d'Études stratégiques, Charles-Philippe David (*op. cit.*) : « *les pays occidentaux n'ont aucun intérêt à voir les pays africains développés* » et que « *la mondialisation n'est que la forme moderne de perpétuation de l'inégalité économique dans le but de garder certains pays comme sources d'approvisionnement en biens et ressources qui permettraient à d'autres de conserver leur niveau de vie* ». Seule une vision globale des menaces internes et externes et une décision volontariste de nos dirigeants pour les neutraliser pourront ouvrir le chemin du développement de la R.D. Congo et de l'Afrique.

5.3. Conclusion partielle

Les activistes-opposants au Projet de Barrage Grand Inga ont formulé de nombreux arguments pour justifier leur opposition à la mise en valeur du « Trigone de la Puissance Énergétique du Congo », c.-à-d. le site d'Inga. Aucun de ces arguments ne résiste à l'analyse scientifique ni à l'analyse objective du simple bon sens. C'est que, les activistes-opposants ont plutôt des enjeux cachés ! Ces enjeux sont de trois ordres : géoéconomiques, géostratégiques et géopolitiques. Il appartient dès lors aux élites congolaises d'en tenir compte dans l'élaboration des projets de développement et dans les négociations des termes de financement avec les institutions financières et, à leurs leaders de prendre des décisions volontaristes pour mener leur pays à un développement intégral.

Dans le système d'éducation de la jeunesse congolaise et africaine d'aujourd'hui et de demain, nous suggérons d'adapter les programmes à ces réalités. Car « *Sans une éducation adaptée aux besoins du pays à chaque moment de son histoire, il ne peut y avoir de réussite économique, scientifique et de progrès social pour un peuple* » (Fukuzawa Yukichi, 1834-1901)[18].

5.4. Références bibliographiques

[1] ***Narrative of an Expedition to explore the River Zaire***, *usually called the Congo, in South Africa in 1816, under the direction of Captain J. K. Tuckey, R. N. – To which is added the Journal of Professor Smith, some general observations on the country and its inhabitants, and an Appendix containing the natural history of that part of the Kingdom of Congo through which the Zaire flows. Published by permission of the Lords Commissionners of the Admiralty, London, John Murray, Albemarle Street, 1818.*

[2] **Wauters, A.J.,** 1885. Le Congo au point de vue économique. Bibliothèque géographique. Institut National de Géographie, Bruxelles

[3] **Wikipedia.org**.

[4] **Comité pour l'Annulation de la Dette du Tiers Monde** (CADTM)/Belgique. http :www.cadtm.org

[5] **Muyembe, 2012**. *In* Tshibwabwa, S., 2016.

[6] **Kankwenda Mbaya et Mukoka Nsenda** (eds), 2013. La République Démocratique du Congo face au complot de balkanisation et d'implosion, Kinshasa - Montréal-Washington : Ed. ICREDES

[7] **Poto Poto, J.,** 2014 (Unesco-Kinshasa). Taux d'analphabétisme en RDC : 27,1 % en 2014. *In* Tshibwabwa, S., 2016.

[8] **Tshibwabwa, S.,** 2016.- *Les Scientifiques congolais et La Remise en question de Mabika Kalanda. In* Tshisungu wa Tshisungu, J. (*eds*). De la décolonisation mentale. Mabika Kalanda et le XXIe siècle congolais. Éd. Glopro : **107-130**.

[9] **Bongeli, É.,** 2015. « *Le système éducatif congolais : Une fabrique de cerveaux inutiles ?*» Communication à la 2e édition de la Semaine de la Science et des Technologies de Kinshasa-2015.

[10] **Mudogo Virima**, s.d. Vision Politique sur la Recherche et l'Enseignement Universitaire au Congo (RDC). Conférence en ligne.

[11] **Kabemba, Y.,** 2015. « *Espoir dans l'obscurité* ». Un film de *Congomikili*, Montréal, Mai 2015.

[12] **Batumike, 2015**. *In* Tshibwabwa, S., 2016.

[13] **Katshingu, K.R**., 2015. Du miracle rwandais au paradoxe congolais (RDC). De la pauvreté à l'émergence économique. Coll. Études Africaines, Éd. L'Harmattan, Paris. 324 p.

[14] **OneGeology.** https://www.futura.sciences.com. A l'occasion de l'Année internationale de la Planète Terre et sous l'égide de l'UNESCO, 79 pays se sont rassemblés pour établir une cartographie commune sur la nature du sous-sol.

[15] **Cheikh Anta Diop**, 1974. Les fondements économiques et culturels d'un État Fédéral d'Afrique Noire. Éd. Présence Africaine, Paris, 124 p.

[16] **Charles-Philippe, David**, Professeur d'Études Stratégiques, Université de Montréal/Québec/Canada : lu sur les réseaux sociaux, 22 décembre 2019.

[17] **Lustgarten, Anders**, 2012. Le cauchemar de Conrad- Le plus grand barrage du monde et le cœur des ténèbres du développement. *Counter Balance*. Bruxelles.27 p. *In* http://cadtm.org/Le-cauchemar-de-Conrad. Contact : anders@bankwatch.org.

[18] **Fukuzawa Yukichi**, 1834-1901. *In* Tshibwabwa, S., 2016.

CONCLUSION GÉNÉRALE

Le site d'Inga héberge un potentiel énergétique énorme, nous l'avons qualifié à cause de sa forme triangulaire de « *Trigone de la puissance énergétique de la R.D. Congo* ». Sur le plan irrationnel (car nous ne pouvons en faire la démonstration), cette forme triangulaire n'est pas un hasard. Dans la cosmogonie des peuples africains (par ex. Luba, Kongo, anciens Égyptiens, etc.), le triangle est la figure de la stabilité, c'est aussi la figure du foyer qui génère de l'énergie. La maîtrise de la géométrie de cette figure a permis aux anciens Égyptiens d'ériger des pyramides dont la stabilité des faces triangulaires défie le temps, l'imagination et les théories modernes de l'architecture. Dans nos anciens empires, les anciens ont utilisé cette figure dans les rites initiatiques, dans la métallurgie naissante pour générer de l'énergie afin de forger des lances, des pointes acérées des flèches, des couteaux, ou tout simplement un foyer pour préparer des repas, etc.

Dieu n'a pas seulement fait don à la R.D. Congo de divers minerais stratégiques, mais il lui a aussi doté d'un foyer d'où jaillira de l'énergie nécessaire pour leur extraction et leur transformation ultime. Ce foyer ou « *Trigone de la puissance énergétique de la RD Congo* » est localisé dans la dernière partie du majestueux Fleuve Congo, peu avant que ce dernier ne déverse tout son potentiel dans l'Océan Atlantique. Mais, il est aussi situé au centre de l'Afrique. Quel idéal emplacement ! Ceux qui, par des voies diverses, visibles ou invisibles, ont découvert ou pénétré le mystère de ce site unique au monde peuvent être répartis en deux groupes.

D'une part « **une élite consciente** » (ou *bantu*), personnes dotées d'un degré de conscience créatrice très élevé[5] et, d'autre part, les « *bintuntu* » (terme Luba qui n'a pas son équivalent en Français, mais qui s'approche d'humanoïdes), masse presque dépourvue de

---

[5] Mabika Kalanda, 1965. La remise en question. Base de la décolonisation mentale. Éd. « Remarques africaines », Collection « Études congolaises », n° **14**. Bruxelles, 205 p.

conscience élevée. Grâce à leur degré de conscience créatrice très élevé, les « *bantu* » constituent dans chaque société une minorité qui a de la société une vue globale, une certaine vision impliquant des idées et des actes sur tout ce qui touche à la vie en groupe. C'est dans ce groupe que l'on trouve les noms d'illustres Panafricanistes : Wauters, A.J., Campus, F., Frantz Fanon, Kwamé Nkrumah, Léopold Sédar Senghor, Simon Kimbangu, Patrice Émery Lumumba, Cheikh Anta Diop, Mouammar Kadhafi, Théophile Obenga, Mubabinge Bilolo, etc. Tous ont vu l'importance du site d'Inga en tant que foyer générateur d'une grande quantité d'énergie pouvant mener au développement non seulement de la R.D. Congo mais aussi de toute l'Afrique. Cheikh Anta Diop écrivait déjà en 1974 : « *Avec ses 650 milliards de kW de réserves annuelles d'énergie hydraulique (près des 2/3 de la production mondiale), il (le Zaïre) est appelé à devenir la première région industrielle de l'Afrique, le centre principal de notre industrie lourde*[6] ». C'est dans cette lignée que s'inscrit la vision des Présidents Macky Sall du Sénégal et F.A. Tshisekedi Tshilombo de la R.D. Congo.

Par contre, le deuxième groupe (*Bintuntu*) compte de nombreuses personnes sans conscience élevée, mais dotées de forces négatives et apôtres de l'obscurantisme. C'est dans ce groupe que se rangent les activistes-opposants, nationaux et étrangers, qui ont produit des analyses, stratégies et campagnes pour empêcher le financement pour la mise en valeur du site d'Inga. C'est dans ce groupe que l'Occident, en proie à cinq défis majeurs, recrute ses ambassadeurs pour maintenir la R.D. Congo et l'Afrique tout entière dans leur état de « *réservoirs de matières premières stratégiques et de déversoirs des produits fabriqués en Occident* »[7]. Ces défis sont l'énergie, la défense stratégique, la mondialisation, l'eau et l'immigration. M. Charles-Philippe David (professeur d'Études Stratégiques à l'Université de Montréal) a largement expliqué les trois premiers défis. Nos analyses des études

---

[6] Cheikh Anta Diop, 1974. Les fondements économiques et culturels d'un État Fédéral d'Afrique Noire. Présence Africaine, Paris, 124 p.

[7] Charles-Philippe, David, Professeur d'Études Stratégiques, Université de Montréal/Québec/Canada : lu sur les réseaux sociaux, 22 décembre 2019.

produites sur le Projet de Barrage Grand Inga nous ont conduits à parler de l'eau et de l'immigration. En ce qui concerne l'Énergie, le Professeur Charles-Philippe signale que toutes les ressources énergétiques stratégiques les plus rares du monde (*y compris le potentiel immense des chutes d'Inga*) se trouvent en Afrique. Il y ajoute la ressource extraordinaire du sol et sous-sol du désert de Sahara et des ressources en eau douce du sous-sol africain (

Nous vous recommandons de lire notre livre : « *Projet Transaqua : Transfert des eaux du Bassin du Fleuve Congo au Lac Tchad. Ses Conséquences et ses Enjeux cachés.* Éd. Publications Universitaires Africaines & Institut Africain d'Études Prospectives (INADEP) – Observatoire des Ressources africaines en Eaux douces. Section IX, Vol. 1, Allemagne, 2020, 104 p. ISBN 978-3-931169-22-0 ». En ce qui concerne la mondialisation, le même professeur déclare que « *les pays occidentaux n'ont aucun intérêt à voir les pays africains développés* » et que « *la mondialisation n'est que la forme moderne de perpétuation de l'inégalité économique dans le but de garder certains pays comme sources d'approvisionnement en biens et ressources qui permettraient à d'autres de conserver leur niveau de vie* ». Ce discours, non différent de celui rencontré dans les arguments des activistes-opposants au Projet de Barrage Grand Inga, permet de comprendre les véritables enjeux de ces campagnes anti-Inga. La R.D. Congo se trouve au cœur de tous ces défis africains. Elle a les clés des solutions.

La première clé c'est sa ressource humaine qui regorge des génies étouffés et/ou ignorés par la classe politique en perpétuel conflit avec elle-même et avec la société qu'elle est sensée servir depuis l'indépendance du pays en 1960[8]. La deuxième clé c'est son énorme potentiel énergétique dont le « *Trigone de la Puissance énergétique de la R.D. Congo* » est le centre névralgique. En effet, comme nous l'avons signalé dans cet ouvrage, *l'énergie est en amont de tous les projets de développement.* Et le Président de la R.D. Congo qui réalisera le Projet

---

[8] Tshibwabwa, S., 2016. Les Scientifiques congolais et La Remise en question de Mabika Kalanda. In Tshisungu wa Tshisungu, J. (eds). De la décolonisation mentale. Mabika Kalanda et le XXIe siècle congolais. Éd. Glopro : 107-130.

de Barrage Grand Inga non seulement il fera du Congo une puissance en matière énergétique mais il sera le plus grand Président de tous les temps pour ce pays et pour l'Afrique tout entière. Il sera un visionnaire sur le plan géopolitique et géostratégique et sur le plan du leadership. Et enfin, il fera du Congo une véritable locomotive pour les économies africaines.

C'est conscients de cette réalité, attachés aux problèmes de développement de notre pays et constatant le silence des milieux scientifiques congolais face aux campagnes anti-Inga que nous avons entrepris l'analyse des arguments des activistes-opposants au Projet de Barrage Grand Inga. Nous les avons tous réfutés et le constat a été amer. La majorité de ces arguments, au lieu d'être purement scientifiques ou objectifs, véhiculent plutôt une sombre idéologie et sont de nature à porter atteinte à l'intégrité territoriale et à la souveraineté de la R.D. Congo. Certains arguments sont totalement erronés, ils ne correspondent pas aux réalités de terrain sur le site d'Inga. Certains autres sont tirés des études effectuées sur d'autres continents et appliqués au site d'Inga sans aucune réévaluation. D'autres, enfin, bien que fondés, sont intentionnellement exagérés face aux énormes bénéfices attendus de la mise en valeur de ce gigantesque potentiel énergétique.

Aucun de ces arguments ne permet de comprendre la montée en Occident de l'opposition à la mise en valeur du site d'Inga, un site chaotique naturel unique au monde, qui pourrait alimenter la R.D. Congo, l'Afrique tout entière, voire l'Europe, en énergie hydroélectrique propre, non polluante, renouvelable et moins coûteuse comparativement aux autres filières de substitution et qui, en plus, serait un moyen de lutte contre le changement climatique, la déforestation massive et la pauvreté des populations. Mais tous visent, comme dit ci-dessus, à maintenir la R.D. Congo dans l'obscurité et la garder dans son rôle « *de réservoir des matières premières stratégiques et de déversoir des biens produits en Occident* ».

Quant aux arguments soutenant le déplacement/relocalisation des populations autochtones, ils ne répondent à aucune logique : ni logique écoenvironnementale, ni géopolitique, ni socio-économique ni même humanitaire. Par contre, pour répondre aux revendications des autochtones ayant-droits coutumiers de la région d'Inga, nous avons suggéré à l'État congolais une solution plus respectueuse et plus durable pouvant supprimer les pesanteurs actuelles et y apporter une solution définitive. En effet, les « *ayant-droits coutumiers* » (les clans de *Makhuku Vunda, Makhuku Manzi, Makhuku Futila, Ngimbi, Numbu et Mbenza*) et les « *autres autochtones* » vivant dans la même région (les habitants de *Mvuzi 3, Lubuaku, Lundu, Kilengo, Kulu 1, Kulu 2, Kulu 3, Kimufu, Manzi, Yalala, Lufundi 1, Lufundi 2*) ainsi que les habitants du camp Kinshasa, anciens ouvriers sur les chantiers des centrales Inga 1 et 2 devraient bénéficier tous du même programme de dédommagement/indemnisation. L'État congolais, selon l'article 58 de la Constitution, devrait envisager **une indemnisation en nature** pour tous :

- déplacer, après consultation, ces populations dans un rayon de 50 à 100 km des zones qui seront affectées par le barrage Grand Inga ;

*- à l'instar des anciennes cités minières du Katanga (Kipushi, Shituru, Kolwezi, Musonoie, etc.), l'État congolais devrait construire une cité moderne qui accueillerait toutes les populations autochtones déplacées des villages énumérés ci-dessus. L'électricité leur sera fournie à prix modique, symbolique et l'école primaire et secondaire sera gratuite pour leurs enfants ; cette mégacité, que nous nommons déjà « **la Cité de l'Énergie d'Inga** », sera un véritable site touristique, ses concepteurs devront mettre en évidence « la puissance de l'électricité » en relation avec les centrales d'Inga (passage de l'obscurité à la lumière, de la brousse à la modernité !) ;*

- cette mégacité sera pourvue de toutes les infrastructures modernes : larges avenues éclairées, hôpital moderne de référence, écoles modernes (maternelle, primaires et secondaire), de l'eau courante, un grand marché moderne, un centre commercial ;

- une grande route asphaltée à deux ou quatre voies reliant « la Cité de l'Énergie d'Inga » à la ville de Matadi et à l'Océan atlantique ;

- des hôtels pour accueillir des touristes aussi bien nationaux qu'étrangers.

La mégacité « *Cité de l'Énergie d'Inga* » présente quatre avantages pour l'État congolais :

1.- créer **une nouvelle entité économiquement viable** *en réunissant tous les hameaux actuels, malheureusement qualifiés de villages (Makhuku Vunda, Makhuku Manzi, Makhuku Futila, Ngimbi, Numbu, Mvuzi 3, Lubuaku, Lundu, Kilengo, Kulu 1, Kulu 2, etc.), dispersés dans la savane, isolés les uns des autres depuis des lustres, abandonnés à eux-mêmes et sans avenir.* Cette nouvelle entité sera créée en prévision du développement des ports de Banana, Boma et Matadi et de la création dans le Kongo Central de nouvelles entreprises consommatrices de l'énergie électrique qui sera produite par Grand Inga telle que l'industrie de l'alumine électrolytique annoncée par le Chef de l'État Félix-Antoine Tshisekedi Tshilombo dans son discours sur l'état de la Nation le vendredi, 13 décembre 2019 ;

2.- décongestionner et moderniser la ville de Matadi afin de lui donner une nouvelle dimension qu'elle mérite en tant que ville historique du pays ;

3.- créer dans la région d'Inga un **« Pôle national d'excellence en matière d'énergie hydroélectrique ».** En effet, le site d'Inga réunira en un même endroit un grand nombre d'ingénieurs et autres experts dans divers domaines liés à l'exploitation d'un complexe de centrales hydroélectriques. Ce pôle sera soutenu par la création de **l'Université nationale d'Inga (UNINGA)**, dont la principale mission sera la formation des ingénieurs, des scientifiques et des techniciens énergéticiens de très haut niveau, destinés à la recherche, l'innovation et le développement dans le domaine des énergies. Les autres filières de formation devront cibler tous les autres aspects pratiques liés à l'exploitation du site d'Inga, notamment la gestion du réservoir, l'hydrobiologie, l'écosystème fluvial, l'écosystème terrestre, etc. La dette des barrages d'Inga étant nationale, cette université recevra tous les jeunes gens de toutes nos provinces qui se seront distingués au secondaire (*unique critère de recrutement : Compétence*) et qui souhaiteraient faire des études dans le domaine des énergies (renouvelables). Cette université viendrait lever ce malheureux paradoxe qui caractérise notre pays et qui n'a que trop duré : « *grande potentialité en énergie mais 97% de la population vivant dans l'obscurité* » ;

4.- préparer un espace qui va accueillir une grande gare multimodale moderne, avec une double voie ferrée pour TGV qui relierait Kinshasa à l'Océan Atlantique (Muanda, Banana) et les autres coins du pays (Fig. III.5) ;

Quant aux solutions de rechange à Grand Inga, toutes les filières proposées (*éolienne, solaire, géothermie, biomasse, micro, petites ou moyennes centrales hydroélectriques*) ne peuvent pas se substituer au Barrage Grand Inga. Si le gouvernement congolais souhaite y investir, ce n'est qu'à titre d'infrastructures d'appoint à Grand Inga comme c'est le cas partout ailleurs dans le monde.

Nous rappelons aux activistes-opposants au Projet de Barrage Grand Inga que, selon l'article 48 de la Constitution nationale et selon l'exposé des motifs de la Loi nᵒ 14/011 du 17 Juin 2014 relative au Secteur de l'Électricité, l'État congolais ne peut se soustraire à son obligation légale de : « ***faire de la République Démocratique du Congo une puissance énergétique*** ». Ce qui ne peut se réaliser que par l'exploitation totale du « **Trigone de la Puissance Énergétique du Congo** », c.-à-d. le développement du Grand Barrage d'Inga. Toute campagne contre la mise en valeur de son territoire relève de l'ingérence et de l'atteinte à la souveraineté de l'État congolais d'organiser son espace intérieur selon sa vision pour le bien de sa population.

Les arguments des activistes-opposants au projet de Barrage Grand Inga ne résistent pas à l'analyse scientifique. Ils ne répondent pas non plus à la logique élémentaire en cette période où le « nouveau » concept biocentrique semble en conflit avec « l'ancien » concept anthropocentrique et où toutes les nations sont invitées à proposer des actions concrètes pour lutter contre le changement climatique. L'objectif qu'ils poursuivent est plutôt de garder la R.D Congo et l'Afrique tout entière dans l'obscurité. Toute une idéologie ! Leurs enjeux cachés sont de trois ordres : géopolitiques, géostratégiques et géoéconomiques. Quel que soit l'angle où on les aborde, on aboutit à la même conclusion, *« les pays occidentaux, à travers leurs institutions financières, leurs cabinets d'experts et autres lobbies, dépensent énergie et argent pour empêcher, sinon retarder le plus longtemps possible, la mise en valeur du « Trigone de la Puissance énergétique du Congo » c.-à-d. le Barrage Grand Inga »*.

Selon un éminent Professeur canadien : *« les Occidentaux n'ont aucun intérêt à voir les pays africains développés »*. Les nombreuses tergiversations observées dans le dossier de construction du barrage Inga 3 ne sont pas le fait du hasard, elles sont pensées et programmées afin de ne pas voir ce pays jouer son rôle de locomotive du développement socio-économique du continent africain. L'annonce ce lundi 20 janvier 2020 (pendant que nous achevions les corrections de ce travail) par un porte-parole de la société espagnole du retrait de leur groupe ACS du consortium sino-espagnol (ProInga/Groupement chinois d'Inga 3) malgré l'Accord de développement exclusif signé entre les parties sur la base de *« l'offre conjointe »* en octobre 2018 ne fait que confirmer notre analyse[9].

Malgré ces atermoiements et campagnes des activistes-opposants au Projet Inga 3, nous saluons et appuyons la vision du Président de la République et Chef de l'État, Son Excellence Felix-Antoine Tshisekedi Tshilombo qui, dès sa prestation de serment devant la Nation et dans son premier discours sur l'état de la Nation devant le Congrès, a promis de faire de la R.D. Congo une puissance en matière énergétique en annonçant la construction du Barrage Inga 3, première phase du Barrage.

---

[9] Journal RFI/Économie en ligne, publié le 23 janvier 2020 sur rfi.fr.

TABLE DES MATIÈRES

Dédicace 5

Remerciements 7

Note de l'Institut 9

Préface de la deuxième édition par Louis Goffin 13

Résumé 17

Abstract 21

Introduction 25

Chapitre I : **Historique du projet de barrage d'Inga** 29

1.1. Site d'Inga : 203 ans (en 2019) d'une longue et riche histoire 29

1.2. Du nom de « Inga » 30

1.3. Naissance et Évolution du projet de barrage à Inga 31

1.4. Vers la matérialisation du projet de barrage d'Inga 41

1.5. Références bibliographiques 70

Chapitre II : **Inventaire, Analyse et Réfutation des Arguments des Activistes-Opposants Au Projet de Barrage Grand Inga** 75

2.1. Introduction 75

2.2. Énergie électrique et Développement 76

2.3. Inventaire des arguments avancés par les activistes anti-Projet Grand Inga 78

2.3.1. 1er Argument : Géopolitique et Promotion d'une idéologie 79

2.3.2. 2ème Argument : Faiblesse de la Gouvernance et Insécurité 98

2.3.3. 3ème Argument : Destruction de l'écosystème fluvial 99

2.3.4. 4ème Argument : Destruction de l'écosystème terrestre 110

2.4. Conclusion partielle 115

2.5. Références bibliographiques 117

Chapitre III : **Barrage Grand Inga : Déplacement et Relocalisation des populations autochtones** — 125

3.1. Introduction — 125

3.2. Arguments sur le déplacement des communautés autochtones — 127

3.3. Conséquences néfastes des campagnes des activistes-opposants au Projet de Barrage Grand Inga — 128

3.4. Revendications des communautés autochtones — 130

3.5. Production des brochures de campagne pour la population autochtone — 134

3.6. Notre vision pour les populations autochtones qui seront affectées par Grand Inga — 136

3.7. Notre vision pour les autres populations congolaises — 140

3.8. Conclusion partielle — 143

3.9. Références bibliographiques — 145

3.10. Annexe 1 : Pétition des Communautés locales qui seront affectées par le Barrage Inga 3 — 147

3.11. Annexe 2 : Plainte des communautés d'Inga adressée au Gouverneur du Bas-Congo — 153

Chapitre IV : **Solutions alternatives des Activistes-Opposants à Grand Inga : Limites et Inconvénients de petites centrales hydroélectriques pour la R.D.C.** — 157

4.1. Introduction — 157

4.2. Ce que dit la loi sur l'accès à l'énergie électrique — 158

4.3. Les solutions alternatives au barrage Grand Inga — 159

4.3.1. Arguments contre cet atout principal des énergies renouvelables — 160

4.3.2. Énergie hydroélectrique — 162

4.3.3. Petites centrales comme solution alternative au Projet de Barrage Inga — 164

4.3.4. Peur de la dette qui sera générée par le Barrage Grand Inga. — 165

4.4. Conclusion partielle   167
4.5. Références bibliographiques   169

Chapitre V : **Enjeux cachés des Activistes-Opposants au Grand Barrage d'Inga**   171

5.1. Introduction   171

5.2. Enjeux cachés des activistes-opposants au Projet de Barrage Grand Inga   174

5.2.1. Enjeux géoéconomiques   175
5.2.2. Enjeux géostratégiques   176
5.2.3. Enjeux géopolitiques   177
5.3. Conclusion partielle   178

5.4. Références bibliographiques   180

CONCLUSION GÉNÉRALE   182

ANNEXE

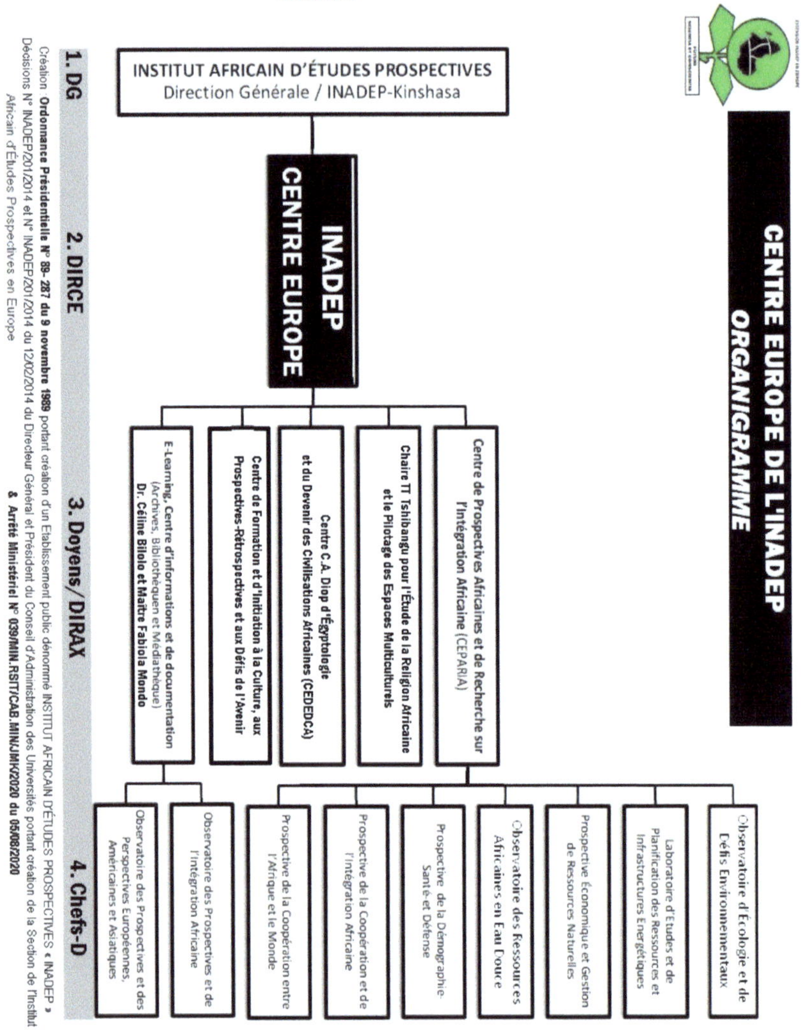

INSTITUT AFRICAIN D'ÉTUDES PROSPECTIVES
Direction Générale / INADEP-Kinshasa

INADEP CENTRE EUROPE

CENTRE EUROPE DE L'INADEP
ORGANIGRAMME

Centres (CENTRE EUROPE) :

- E-Learning, Centre d'informations et de documentation (Archives, Bibliothèquen et Médiathèque) — Dr. Céline Bilolo et Maître Fabiola Mondo
- Centre de Formation et d'Initiation à la Culture, aux Prospectives-Rétrospectives et aux Défis de l'Avenir
- Centre C.A. Diop d'Égyptologie et du Devenir des Civilisations Africaines (CEDEDCA)
- Chaire TT Tshibangu pour l'Étude de la Religion Africaine et le Pilotage des Espaces Multiculturels
- Centre de Prospectives Africaines et de Recherche sur l'Intégration Africaine (CEPARIA)

Départements / Observatoires :

- Observatoire des Prospectives et des Perspectives Européennes, Américaines et Asiatiques
- Observatoire des Prospectives et de l'Intégration Africaine
- Prospective de la Coopération entre l'Afrique et le Monde
- Prospective de la Coopération et de l'Intégration Africaine
- Prospective de la Démographie-Santé et Défense
- Observatoire des Ressources Africaines en Eau Douce
- Prospective Économique et Gestion de Ressources Naturelles
- Laboratoire d'Études et de Planification des Ressources et Infrastructures Energétiques
- Observatoire d'Écologie et de Défis Environnementaux

1. DG   2. DIRCE   3. Doyens/DIRAX   4. Chefs-D

Création : **Ordonnance Présidentielle N° 89-287 du 9 novembre 1989** portant création d'un Etablissement public dénommé INSTITUT AFRICAIN D'ÉTUDES PROSPECTIVES « INADEP »
Décisions N° INADEP/201/2014 et N° INADEP/201/2014 du 12/02/2014 du Directeur Général et Président du Conseil d'Administration des Universités portant création de la Section de l'Institut Africain d'Études Prospectives en Europe
& **Arrêté Ministériel N° 039/MIN.RSIT/CAB.MIN/JMK/2020 du 05/08/2020**

1. DG = Le Directeur Général
2. DIRCE = Le Directeur du Centre Europe
3. Doyens/DIRAX = Doyen de l'Axe de recherche
4. Chefs-D = Chef du Département de recherche

ORGANIGRAMME DE L'INSTITUT AFRICAIN D'ÉTUDES PROSPECTIVES

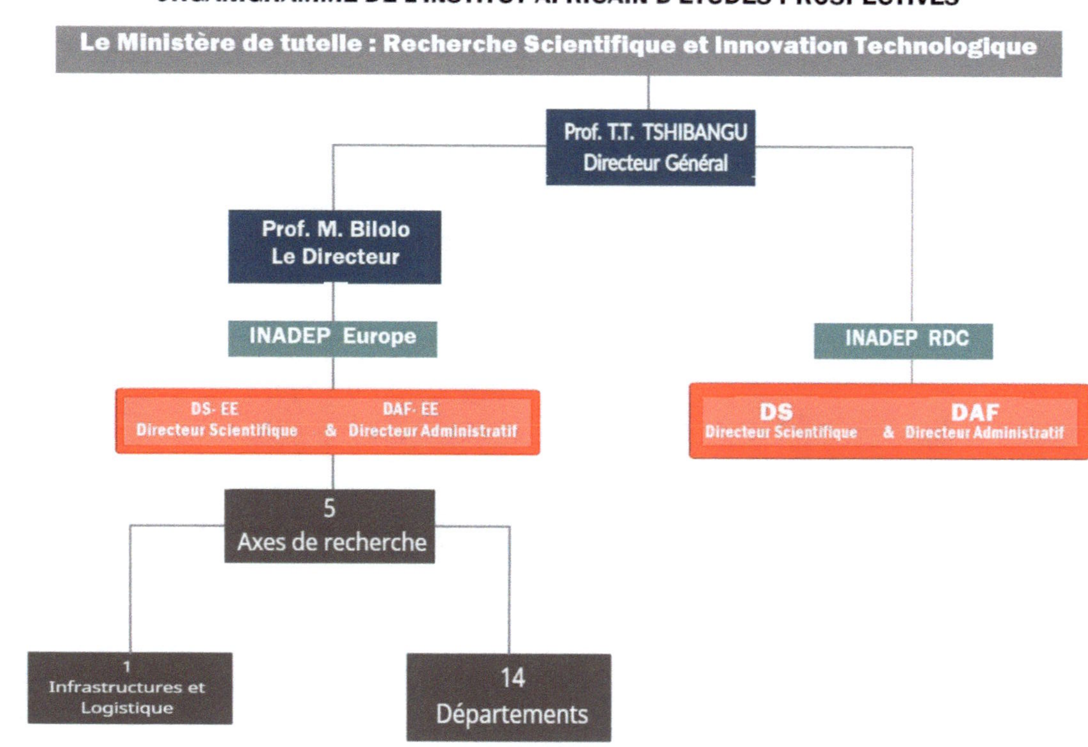

Le Département : « *Observatoire des Ressources Africaines en Eau Douce* » de l'Axe I, appelé par le Directeur Général CEPARIA « **Centre de Prospectives Africaines et de Recherche sur l'Intégration Africaine** » vient, de publier en février 2020, l'étude ci-après :

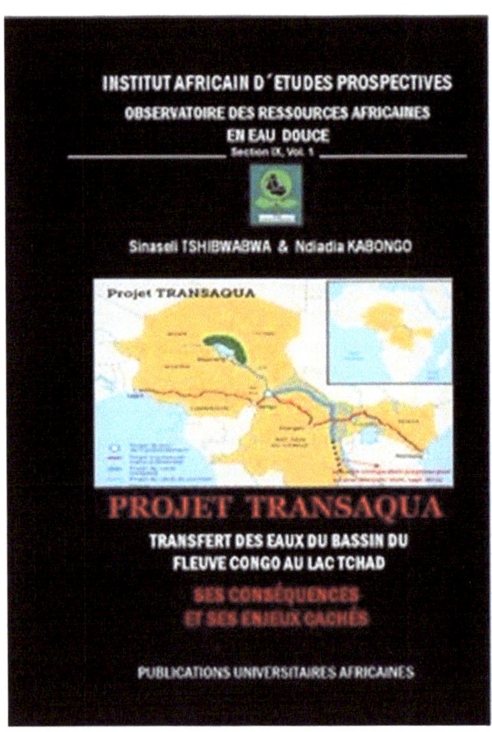

Résumé :

Comme le sous-titre l'indique, ce livre analyse d'une manière critique les conséquences écologiques et économiques à long terme, les enjeux cachés, les dangers sous-estimés du Projet de Transfert des Eaux du Bassin du Fleuve Congo au Lac Tchad (Projet Transaqua). Les auteurs ne se limitent pas seulement aux mises en garde, à la mise en évidence des conséquences environnementales, économiques et politiques, mais ils proposent aussi des pistes de solutions afrocentrées acceptables pour la plupart des États africains concernés directement ou indirectement par ce Projet.